职教高考模拟试卷
机 电 技 术

职教高考丛书编写委员会 编

电子工业出版社

Publishing House of Electronics Industry

北京·BEIJING

图书在版编目（CIP）数据

机电技术 / 职教高考丛书编写委员会编. —北京：电子工业出版社，2024.1
职教高考模拟试卷
ISBN 978-7-121-47303-6

Ⅰ. ①机… Ⅱ. ①职… Ⅲ. ①机电工程—中等专业学校—升学参考资料 Ⅳ. ①TM

中国国家版本馆 CIP 数据核字（2024）第 020475 号

责任编辑：关雅莉　　文字编辑：靳　平
印　　刷：涿州市般润文化传播有限公司
装　　订：涿州市般润文化传播有限公司
出版发行：电子工业出版社
　　　　　北京市海淀区万寿路 173 信箱　邮编　100036
开　　本：787×1 092　1/8　印张：10.5　字数：268.8 千字
版　　次：2024 年 1 月第 1 版
印　　次：2025 年 4 月第 4 次印刷
定　　价：39.00 元

凡所购买电子工业出版社图书有缺损问题，请向购买书店调换。若书店售缺，请与本社发行部联系，联系及邮购电话：（010）88254888，88258888。
质量投诉请发邮件至 zlts@phei.com.cn，盗版侵权举报请发邮件至 dbqq@phei.com.cn。
本书咨询联系方式：（010）88254386，liujia@phei.com.cn。

前　言

为了帮助参加职教高考的广大中等职业学校考生升入理想大学，我们邀请了一批资深教研员，以及国家级重点职业学校的一线名师，在深入研究考试说明、虚心听取师生意见与建议的基础上，精心编写了山东省"职教高考模拟试卷"丛书，以方便参加职教高考的考生复习备考使用。

为了使本套丛书的模拟试卷具有针对性、科学性和高效性，我们对近几年职教高考试卷进行了详细分析，深入解读职教高考"考什么、怎么考"，聚焦职教高考热点、高频考点，注意命题角度和题型变化，博采众长，反复斟酌，探索命题规律，预测命题趋势。本书试卷以职教高考试卷为模板，力求每套试卷的考点覆盖、梯度、难度均与职教高考接轨。

本套丛书具有如下特点。

编委阵容强大：编者均系资深教研员和国家级重点职业学校的一线名师，具有丰富的职教高考复习教学经验，并常年研究职教高考命题方向。

编写体系成熟：本套丛书严格按照最新的职教高考考试说明编写，宏观布局，细部优化，科学总结命题规律，精确预测命题趋势。为了提高本套丛书的质量，特聘请资深专家严格把关。

编写内容齐全：内容涵盖了最新的职教高考考试说明中要求掌握的全部考点，知识、题型覆盖全面。同时，本套丛书以训练为主线，以考点为核心，题目新颖，具有很强的导向性。

本套丛书集权威性、科学性、实用性和前瞻性于一体，是对考试说明的权威解读，是一线名师的心血和结晶，是参加职教高考的考生复习备考时的参考用书。考生可登录华信教育资源网下载其他相关资料。

孙忠俊、李青云、张思新、张春雨、曹拥军参与本书的编写工作。由于时间仓促，在编写过程中难免有不妥之处，恳请同行专家不吝指正，欢迎广大师生提出宝贵意见，并将提出的意见反馈到邮箱 liujia@phei.com.cn，以使本套丛书不断完善。

职教高考丛书编写委员会

目　录

职 教 高 考 模 拟 试 卷

机电技术（一）

本试卷分卷一（选择题）和卷二（非选择题）两部分。满分为 200 分，考试时间为 120 分钟。考试结束后，请将本试卷和答题卡一并交回。

卷一（选择题，共 100 分）

一、选择题（本大题共 50 个小题，每小题为 2 分，共 100 分。在每小题列出的 4 个选项中，只有 1 个选项符合题目要求，请将符合题目要求的选项字母代号选出，并填涂在答题卡上）

1. 关于尺寸标注，说法正确的是（　　）。
   A. 尺寸界线必须与尺寸线垂直，并超出尺寸线 3~4mm
   B. 标注球面直径时，应在符号 "R" 前面加 "S"
   C. 大于半圆的圆弧应标注半径尺寸
   D. 角度尺寸数字一律写成水平方向

2. 如图所示，已知点 $A(20, 10, 12)$，与点 A 对称于 V 面的点 B 的坐标是（　　）。

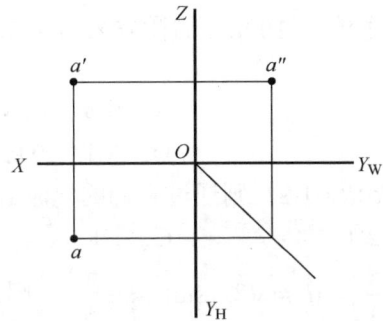

   A. $(-20, 10, 12)$　　B. $(20, -10, 12)$　　C. $(20, 10, -12)$　　D. $(-20, 10, -12)$

3. 如图所示，圆柱面上 1 点的正面投影所在的正确位置是（　　）。

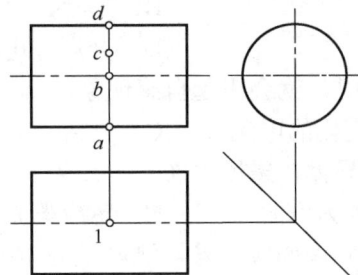

4. 如图所示，下列四组视图中画法正确的是（　　）。

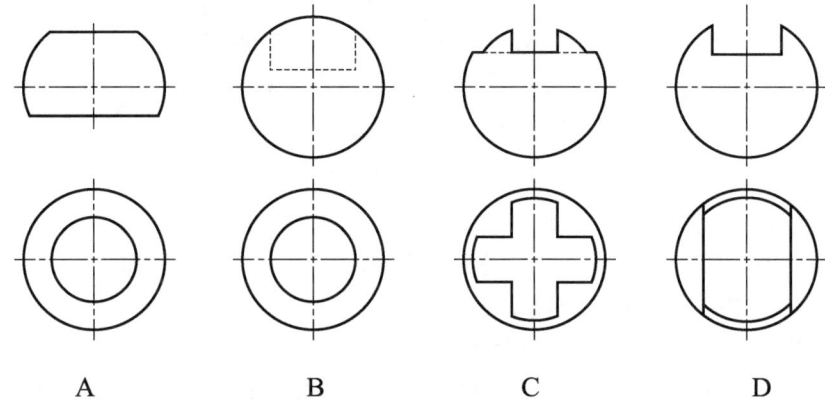

   A. a　　　　B. b　　　　C. c　　　　D. d

   A　　　　B　　　　C　　　　D

5. 关于正等轴测图，描述正确的是（　　）。
   A. OX 轴与 OZ 轴的夹角是 90°
   B. 在画正等轴测图时，宽度方向的尺寸按实际尺寸的 1/2 测量
   C. 正等轴测图是采用中心投影法投影所得的图形
   D. OY 轴的轴向伸缩系数约等于 1

6. 如图所示，正确的左视图是（　　）。

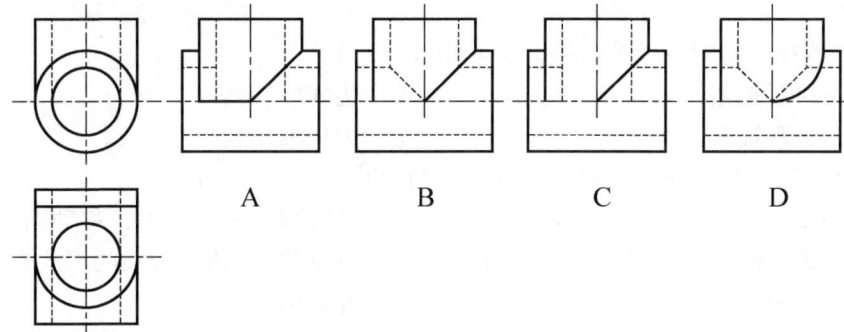

   A　　　　B　　　　C　　　　D

7. 若表示某向视图投射方向的箭头附近有字母 "A"，则应在该向视图的上方标注（　　）。
   A. A　　　B. A 向　　　C. A 或 A 向　　　D. $A—A$

8. 如图所示，正确的一组全剖视图是（　　）。

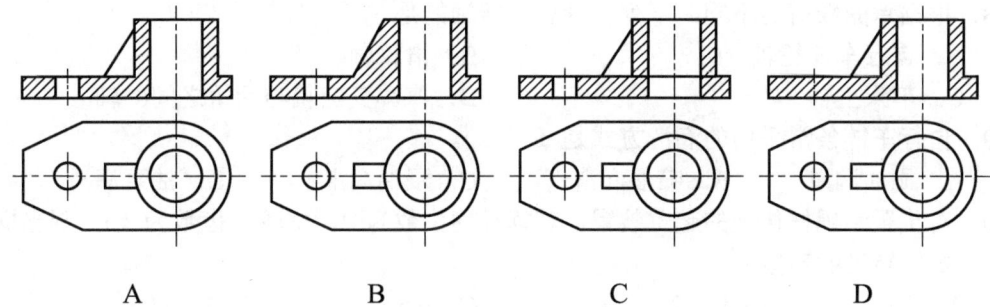

   A　　　　B　　　　C　　　　D

9. 如图所示，正确的移出断面图是（ ）。

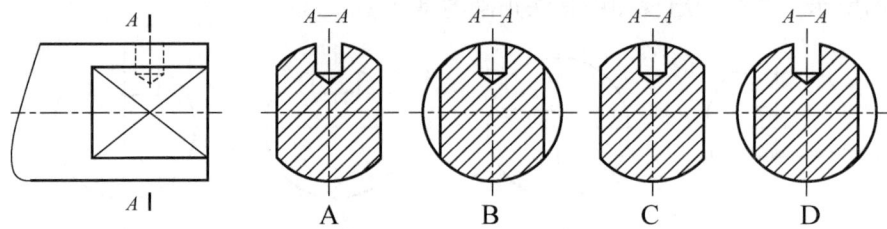

A B C D

10. 关于圆柱齿轮的画法，下列做法不符合画图规定的是（ ）。
    A．齿轮属于轮盘类零件，主视图选择不为圆的方向为投影方向
    B．在剖视图中，轮齿部分按不剖处理
    C．分度圆、分度线用细点画线绘制
    D．在尺寸标注中，只标注分度圆直径，而不标注齿顶圆、齿根圆直径

11. 常用圆锥销的锥度为（ ）。
    A．1:16　　　　B．1:50　　　　C．1:60　　　　D．1:100

12. 在平键连接中，如果键的强度不足，在轴的直径不变时可采取的措施是（ ）。
    A．增加键高　　　　　　　　B．增加键宽
    C．只增加键长　　　　　　　D．同时增加轮毂长和键长

13. 在螺旋千斤顶中，所用螺旋工作面的牙侧角为（ ）。
    A．60°　　　　B．55°　　　　C．3°　　　　D．30°

14. 若被连接两轴对中性要求高，可应用（ ）。
    A．滑块联轴器　　　　　　　B．齿式联轴器
    C．凸缘联轴器　　　　　　　D．万向联轴器

15. 曲柄滑块机构的滑块与导轨之间构成的运动副是（ ）。
    A．高副　　　　B．螺旋副　　　　C．转动副　　　　D．移动副

16. 套筒滚子链标有"20A—2×81GB/T 1243—2006"，则该链接头的形式为（ ）。
    A．弹性锁片　　　　　　　　B．开口销
    C．过渡链节　　　　　　　　D．以上都可以

17. 蜗杆传动平稳、无噪声，是因为（ ）。
    A．传动比大　　　　　　　　B．可自锁
    C．蜗轮用有色金属材料制造　　D．蜗杆齿与蜗轮齿连续不断地啮合

18. 根据承受载荷的不同，下列各轴属于转轴的是（ ）。
    A．自行车前轮轴　　　　　　B．滑轮轴
    C．车床主轴　　　　　　　　D．汽车变速箱与后桥之间的轴

19. 自行车链条常采用的润滑方式是（ ）。
    A．刷油润滑　　B．喷油润滑　　C．浸油润滑　　D．油泵润滑

20. 对于采用蜗杆传动的起重装置，若蜗杆的头数为2，蜗轮的齿数为40，则当蜗杆转一转时，蜗轮转过的转数为（ ）。
    A．20　　　　B．2　　　　C．0.5　　　　D．0.05

21. 在下列凸轮机构中，应用平底从动件的是（ ）。
    A．内燃机配气机构　　　　　B．靠模凸轮机构

C．刀具进给凸轮机构　　　　　D．仪表机构

22. 在液压回路中，主要用于控制活塞运动速度的阀是（ ）。
    A．换向阀　　　B．溢流阀　　　C．顺序阀　　　D．节流阀

23. 对于液压元件的功能，下列描述正确的是（ ）。
    A．当将单向阀接在泵的出口时，可以使泵免受系统的液压冲击
    B．如果将减压阀接在液压缸的回油路上，则可以提高执行元件的运动平稳性
    C．溢流阀主要串接在进油路上，起到限压保护作用
    D．调速阀主要用于控制油液流动方向，以及接通或关闭油路

24. 不属于溢流阀应用的是（ ）。
    A．溢流稳压　　B．过载保护　　C．远程调压　　D．顺序动作

25. 将机械能转变为气体的压力能的是（ ）。
    A．汽缸　　　　B．空气压缩站　　C．油雾器　　　D．储气罐

26. 普通试电笔测量电压范围是（ ）。
    A．0～500V　　B．36～500V　　C．60～500V　　D．0～220V

27. 在一个单电源闭合电路中，电位最高点为（ ）。
    A．电源正极　　B．电源负极　　C．接地点　　　D．无法判断

28. 如图所示，色环电阻的电阻值应是（ ）。

棕 红黑黑棕

    A．1.2（1±1%）kΩ　　　　　　B．1.2（1±10%）kΩ
    C．10（1±1%）kΩ　　　　　　D．10（1±10%）kΩ

29. 将内阻为1kΩ，满偏电流为100μA的微安表改装成量程是10V的电压表的方法是（ ）。
    A．并联100 kΩ电阻　　　　　　B．串联100 kΩ电阻
    C．并联99 kΩ电阻　　　　　　　D．串联99 kΩ电阻

30. 若两个电阻串联，且 $R_1:R_2$=1:2，则通过它们的电流 $I_1:I_2$ 为（ ）。
    A．1:2　　　　B．2:1　　　　C．1:1　　　　D．4:1

31. 已知 $i_1=\sqrt{2}I_1\sin\left(\omega t+\frac{\pi}{3}\right)$，$i_2=\sqrt{2}I_2\sin\left(\omega t-\frac{\pi}{6}\right)$，则 $i=i_1+i_2$ 的有效值是（ ）。
    A．I_1+I_2　　B．$\sqrt{2}(I_1+I_2)$　　C．$\sqrt{I_1^2+I_2^2}$　　D．I_1-I_2

32. 与线性电容的容量有关的因素是（ ）。
    A．形状、尺寸和介质　　　　　B．形状、尺寸和电压
    C．形状、尺寸和电量　　　　　D．介质、电压、形状

33. 当线圈中通入（ ）时，就会引起自感现象。
    A．不变的电流　　B．变化的电流　　C．电流　　　D．电流无法确定

34. 左手定则可以判断通电导体在磁场中（ ）。
    A．受力大小　　B．受力方向　　C．感应电流方向　　D．感应磁场方向

35. 电压互感器的变比为1000V/50V，若被测电压为40V，则电压表的读数是（ ）。
    A．2V　　　　B．20V　　　　C．800V　　　　D．400V

36．某理想单相变压器，N_1=1000 匝，N_2=500 匝，U_1=220V，负载电阻 R=5Ω，则一次电流为（　　）。

  A．15.7A   B．11A   C．44A   D．4.4A

37．旋转磁场的转速与磁极对数有关，以 8 极电动机为例，当交流电变化一个周期时，其磁场在空间旋转了（　　）。

  A．2 周   B．4 周   C．0.5 周   D．0.25 周

38．当三相异步电动机采用丫—△降压启动时，其启动电流是采用△联结全压启动时的（　　）。

  A．$\sqrt{3}$ 倍   B．$1/\sqrt{3}$ 倍   C．1/3 倍   D．3 倍

39．若开灯后发现日光灯管两端灯丝烧红，但中间不亮，则其原因是（　　）。

  A．镇流器坏了   B．电路断路

  C．启动器内电容短路   D．电源波动

40．热继电器工作的基本原理是（　　）。

  A．电流的热效应   B．电流的磁效应

  C．电磁感应   D．欧姆定律

41．若三相异步电动机在运行时出现一相电源断电，则对三相异步电动机的影响是（　　）。

  A．三相异步电动机停转 B．三相异步电动机转速下降，温度迅速升高

  C．三相异步电动机出现震动和噪声 D．无

42．当用绝缘电阻表测量变压器的绕组和铁芯的绝缘电阻时，下列描述正确的是（　　）。

  A．绕组接绝缘电阻表的 L 端，铁芯接 E 端，均匀摇动手柄，指针稳定后再读数

  B．绕组接绝缘电阻表的 L 端，铁芯接 E 端，均匀摇动手柄，指针无须稳定即可读数

  C．铁芯接绝缘电阻表的 L 端，绕组接 E 端，均匀摇动手柄，指针稳定后再读数

  D．铁芯接绝缘电阻表的 L 端，绕组接 E 端，均匀摇动手柄，指针无须稳定即可读数

43．若有一个 PLC，其型号为 FX0N—60MR，其输入点数为 36 点，则其输出地址编号最大为（　　）。

  A．Y024   B．Y027   C．Y028   D．Y036

44．PLC 内部各继电器的触点在编程时（　　）。

  A．可以多次重复使用   B．只能使用一次

  C．最多使用两次   D．每种继电器规定次数不同

45．在 PLC 中，线圈驱动指令 OUT 不能驱动（　　）软元件。

  A．X   B．Y   C．T   D．C

46．在 PLC 中，表示逻辑块与逻辑块之间并联的指令是（　　）。

  A．AND   B．ANB   C．OR   D．ORB

47．在如图所示的功能图中，共有（　　）处错误。

  A．2

  B．3

  C．4

  D．5

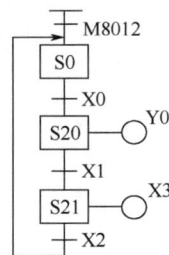

48．在 PLC 中，用于禁止全部输出的是（　　）。

  A．M8000   B．M8002   C．M8033   D．M8034

49．下列不属于变频器主电路的是（　　）。

  A．整流电路   B．储能电路

  C．逆变电路   D．控制电路

50．三菱 FR-E740 变频器在多速段频率操作时，若选择速度 10 运行，则输入端子 RL、RM、RH、REX 的状态是（　　）。

  A．1010   B．0110   C．0101   D．1000

卷二（非选择题，共 100 分）

二、简答作图题（本大题共 10 个小题，每小题为 5 分，共 50 分）

1．如图所示为内燃机正时系统，请问：

（1）图中所用正时皮带是何种类型的带传动？

（2）凸轮轴端部安装的带轮直径为 200mm，则该带轮应采用何种结构？

（3）凸轮从动件的端部是何种形式？

（4）凸轮轴按照承载情况属于何种轴？

（5）在以活塞、连杆、曲轴所组成的机构中，是否存在急回特性？

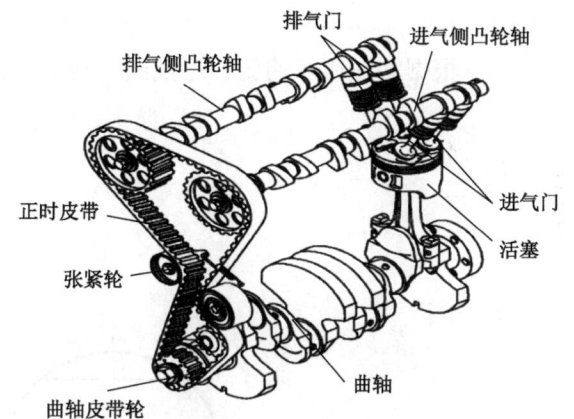

2．如图所示为某冲压机部分结构，请问：

（1）滑块、连杆、曲轴组成了哪种平面四杆机构？

（2）在曲轴上设计大齿轮，除了能够减速和平衡，还有一个重要作用是什么？

（3）滑块与连杆间的活动连接是哪种运动副？

4．根据如图所示的主、俯视图，画出 $A—A$ 全剖左视图。

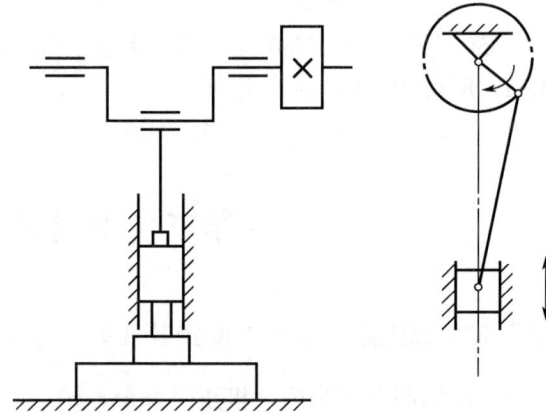

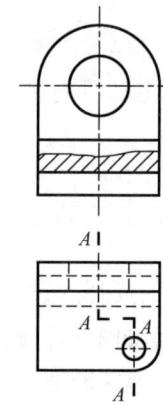

3．根据如图所示的俯、左视图，画出主视图。

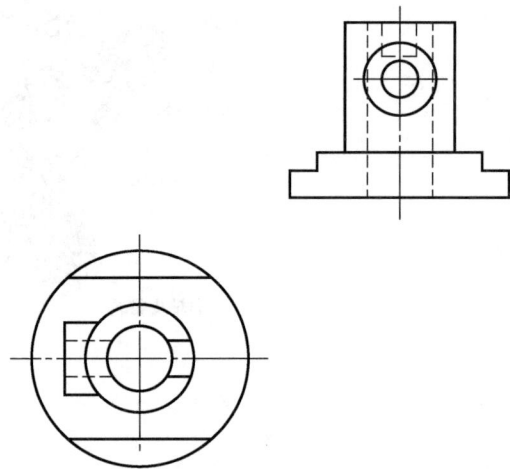

5．根据如图所示的主、左视图，画出正等轴测图。

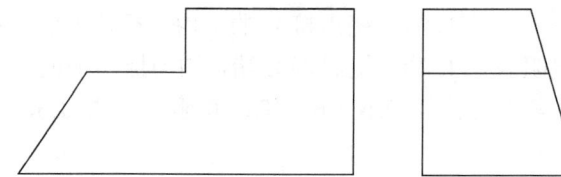

6. 如图所示，欲使用欧姆表测量 R_x 的电阻值，试分析各测量电路图是否正确；若不正确，说明原因。

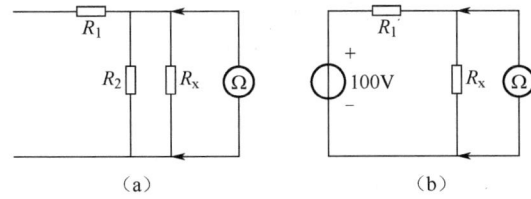

（a）　　　　　　（b）

7. 如图所示，当断开开关 S 时，请说明灯泡的现象。

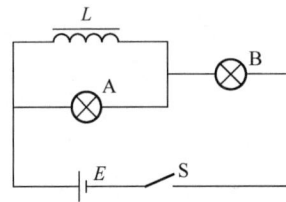

8. 如图所示的实验电路，当 RP 的滑动触头向右滑动时，请问：
（1）灯的亮度如何变化？
（2）电压表、电流表的读数如何变化？
（3）若电源为理想电源，电压表示数如何变化？

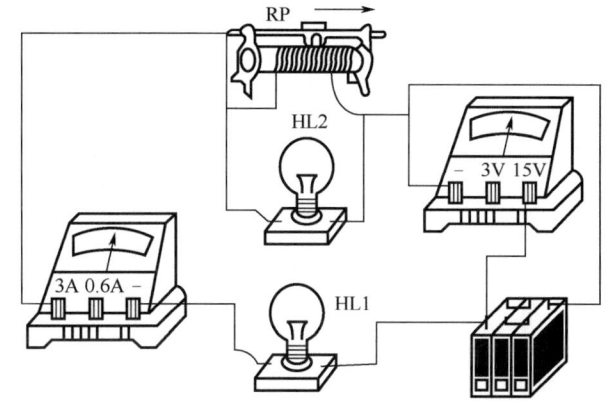

9. 某同学在实训室安装照明电路，需要用手电筒照明。请帮助他组装手电筒并进行照明电路的正确接线。

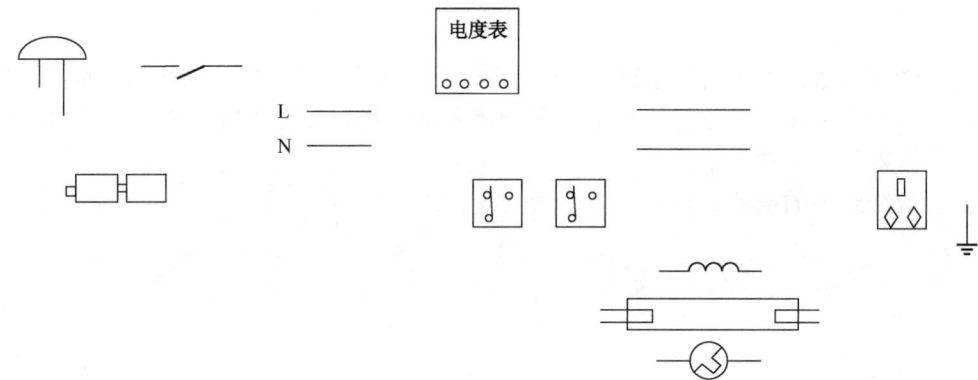

10. 如图所示，导电矩形线圈 abcd 接了一个直流电源，并沿轴 OO′按图标旋转方向旋转 90°。试在图中标出：
（1）铁芯产生的磁极极性。
（2）矩形线圈 abcd 两端 A、B 电源的极性。

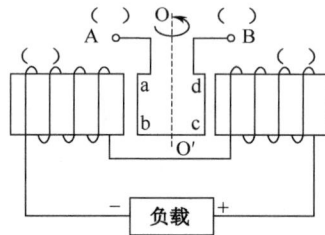

2. 在 RL 串联电路中，已知 $R=60\Omega$，$X_L=80\Omega$，端电压 $u=220\sqrt{2}\sin(314t+30°)$，求：
（1）该电路的阻抗$|Z|$。
（2）该电路的电流有效值 I。
（3）该电路的有功功率 P。

三、分析计算题（本大题共 4 个小题，第 1、第 2、第 3 小题均为 5 分，第 4 小题为 10 分，共 25 分）

1. 在 220V 的交流电路中，接入一个变压器。该变压器的一次绕组有 500 匝，二次绕组有 100 匝，二次绕组接一个电阻值是 11Ω 的电阻负载，如果该变压器的效率是 80%，求：
（1）变压器的损耗功率。
（2）一次绕组中的电流。

3. 如图所示，已知 $E_1=4V$，$E_2=8V$，$R_1=1\Omega$，$R_2=2\Omega$，$r_1=3\Omega$，$r_2=2\Omega$，$R_3=8\Omega$，试用支路电流法求各支路中的电流。

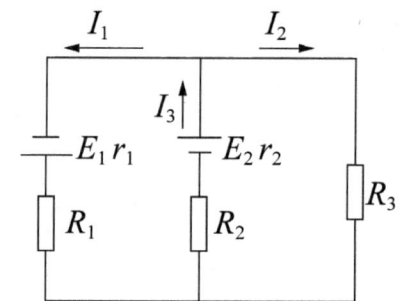

4．在如图所示的机械传动中，蜗杆 $z_1=4$（右旋）；蜗轮 $z_2=40$；齿轮 $z_3=25$，$z_4=50$，$z_5=25$，$z_6=50$，$z_7=15$，$z_8=12$，$m_8=3\text{mm}$；I 轴为输入轴；$n_1=40\text{r/min}$。

（1）当机动进给（动力由 I 轴输入）时，齿轮 3 应与哪个齿轮啮合？

（2）当机动进给时，求齿轮 z_8 的转速及齿条的移动速度。

（3）当机动进给时，判断齿条的移动方向（向左还是向右）。

（4）当手动进给时，手轮转向如图所示，判断齿条的移动方向与机动进给时的移动方向是否相同。

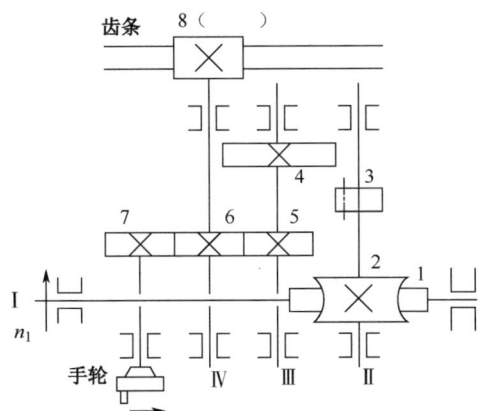

四、综合应用题（本大题共 2 个小题，第 1 小题为 10 分，第 2 小题为 15 分，共 25 分）

1．如图所示的三相异步电动机控制电路，完成下列问题。

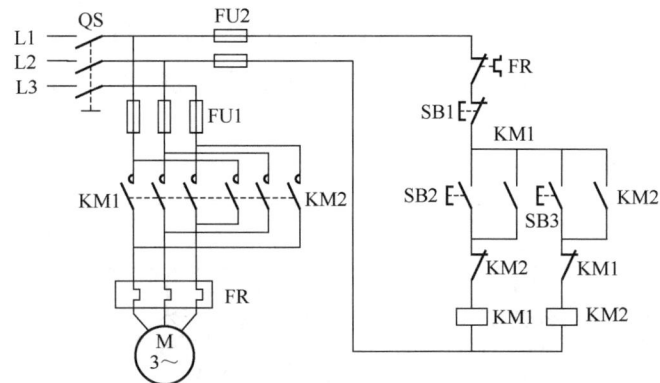

（1）该电路是电气联锁正反转电路，请说明该电路的工作原理。

（2）辅助动合触点 KM1 和 KM2 实现什么功能？辅助动断触点 KM1 和 KM2 实现什么功能？

（3）当合上 QS，按下 SB2 后，熔断器 FU2 熔断，这是什么原因？

（4）当合上 QS，按下正转或反转按钮，正转或反转接触器不停地吸合与释放，使该电路无法工作，而松开正转或反转按钮时，接触器不再吸合，这是什么原因？

（5）当合上 QS，按下 SB1 后，听到三相异步电动机有"嗡嗡"声，但三相异步电动机不能启动，这是什么原因？

2．（本小题每空为 1 分，共 15 分）分析如图所示的零件图，完成下列问题。

（1）该零件采用了_____个基本视图，左视图采用_____剖视，B 向视图是_____视图。

（2）该零件长度方向的基准是_____，俯视图中的尺寸 19 是_____尺寸。

（3）$\phi 34H7$（$^{+0.025}_{0}$）孔的尺寸公差等级是_____，孔径最大可加工成_____mm。

（4）该零件共有_____个螺纹孔，其表面粗糙度要求最高的部位 Ra 的上限值为_____μm。

（5）$6×M6$ 的定位尺寸是_____。

（6）在指定位置画出 $C-C$ 剖视图。

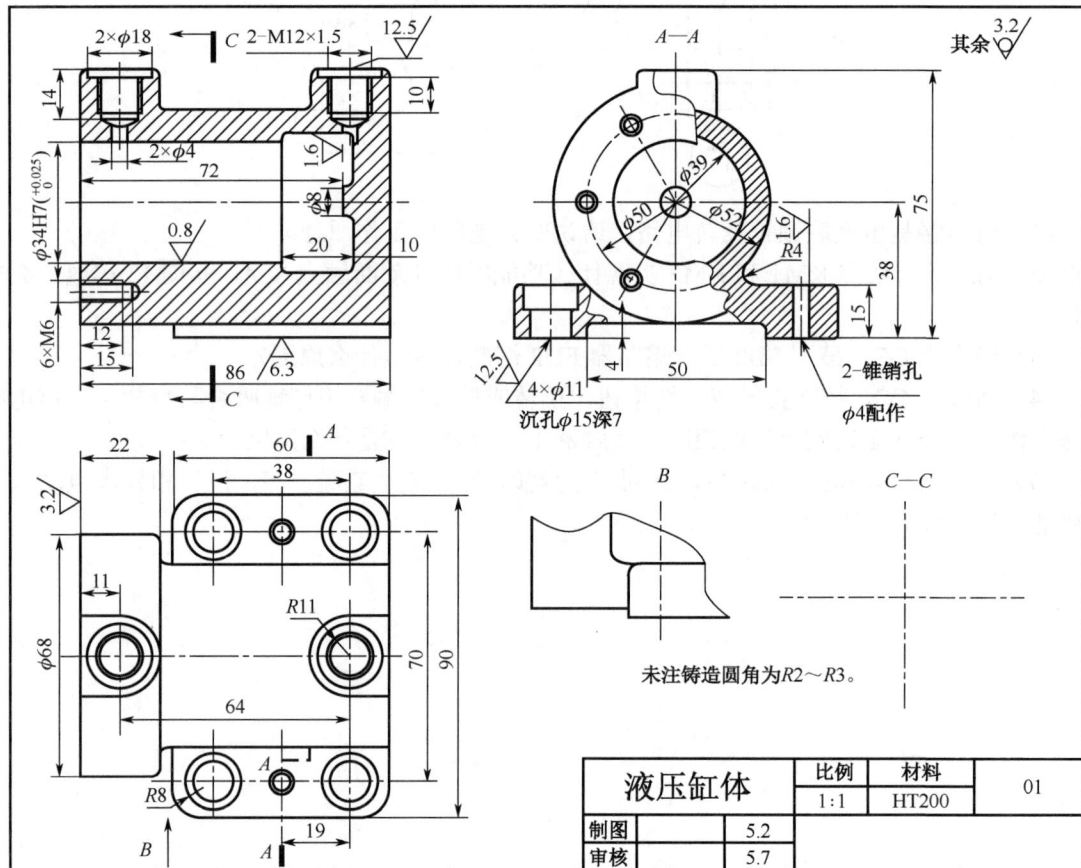

液压缸体	比例	材料	01
制图	1:1	HT200	
	5.2		
审核	5.7		

未注铸造圆角为 $R2\sim R3$。

职教高考模拟试卷

机电技术（二）

本试卷分卷一（选择题）和卷二（非选择题）两部分。满分为 200 分，考试时间为 120 分钟。考试结束后，请将本试卷和答题卡一并交回。

卷一（选择题，共 100 分）

一、选择题（本大题共 50 个小题，每小题为 2 分，共 100 分。在每小题列出的 4 个选项中，只有 1 个选项符合题目要求，请将符合题目要求的选项字母代号选出，并填涂在答题卡上）

1. 关于制图基本知识，下面说法错误的是（　　）。
   A. 基本幅面 A4 的尺寸为 210mm×297mm，加长幅面 A4×3 的尺寸为 630mm×297mm
   B. 《字体》国标规定，字体高度的公称尺寸系列为 8 种
   C. 依据尺寸标注的基本规则，图样上所注的尺寸数值是机件的真实尺寸
   D. 在同一图样中，同类图线的宽度可以不一样

2. 在 A 点与 B 点的 3 个坐标中，有一对坐标对应相等且不等于零，而另外两对坐标不相等，则（　　）。
   A. AB 为一般位置直线
   B. AB 为投影面平行线
   C. AB 为投影面垂直线
   D. 以上都可能

3. 若三角形 ABC 为正垂面，$\alpha=30°$，且 B 在 C 的下方，则下面作图正确的是（　　）。

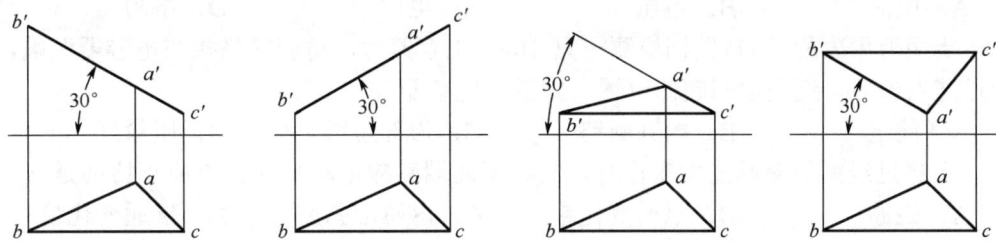

4. 如图所示，正确的左视图是（　　）。

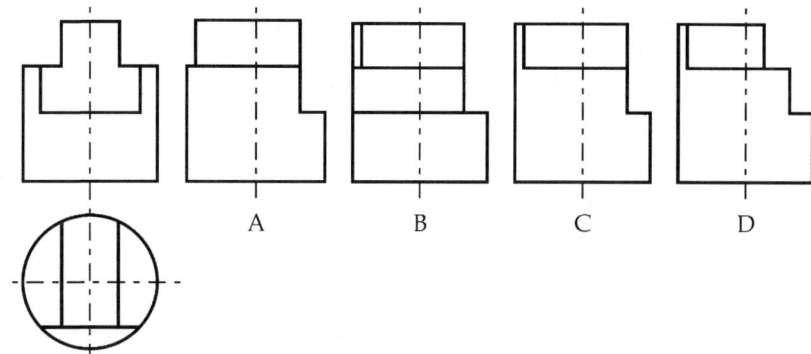

5. 如图所示，正确的左视图是（　　）。

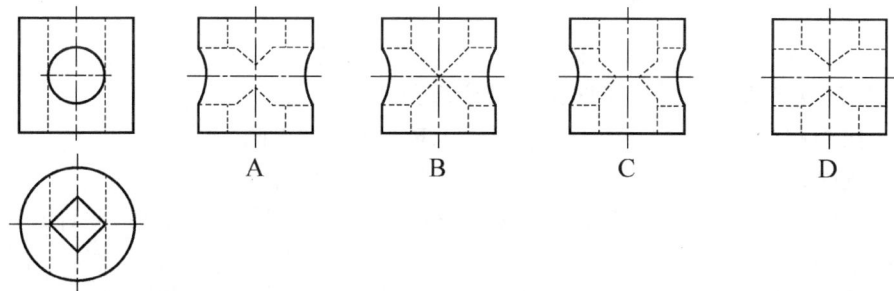

6. 如图所示，正确的 A 向局部视图是（　　）。

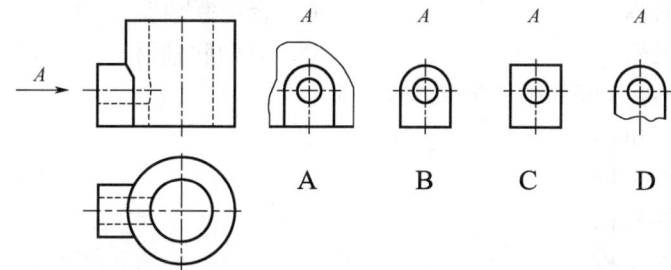

7. 如图所示，错误的一组视图是（　　）。

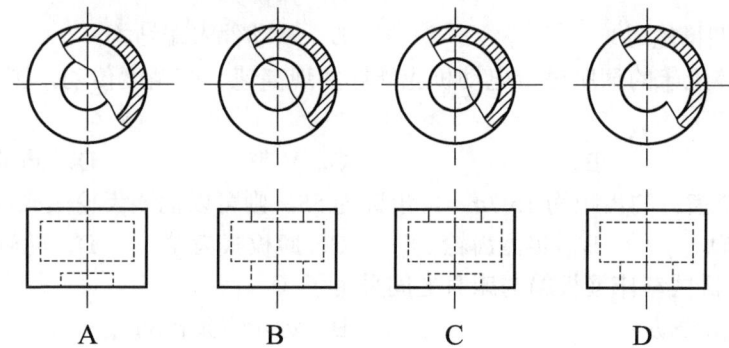

8. 如图所示，正确的全剖视图是（　　）。

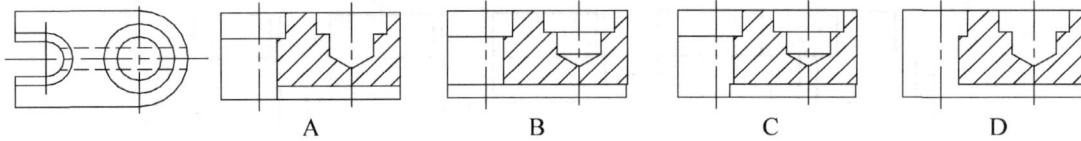

A　　　　B　　　　C　　　　D

9. 如图所示，尺寸标注正确的是（　　）。

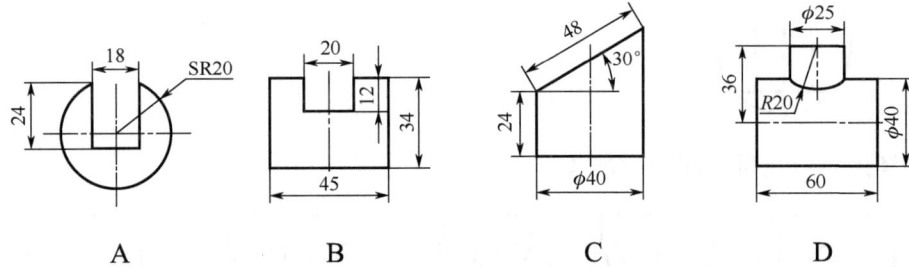

A　　　　B　　　　C　　　　D

10. 当以剖视图表示内外连接时，其旋合部分（　　）。
   A．按外螺纹画　　　　　　　　B．按内螺纹画
   C．按内、外螺纹画均可　　　　D．不画出外螺纹

11. 若校核发现键 14×9×70GB/T 1096—2003 的强度不足，则在结构允许时可以选择的轮毂长度是（　　）mm。
   A．55　　　　B．65　　　　C．75　　　　D．85

12. 对于后轮驱动的汽车，当动力由变速箱传递到后桥时应选用（　　）。
   A．凸缘联轴器　　　　　　　　B．套筒联轴器
   C．滑块联轴器　　　　　　　　D．万向联轴器

13. 如图所示，手摇唧筒采用的机构类型是（　　）。
   A．曲柄导杆机构
   B．曲柄滑块机构
   C．曲柄摇块机构
   D．摇杆滑块机构

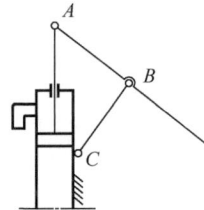

14. 在控制车床刀具进给运动的机构中，凸轮与从动件之间的锁合利用的是（　　）。
   A．重力　　　　　　　　　　　B．弹簧力
   C．凸轮凹槽轮廓　　　　　　　D．从动件末端结构

15. 要求数控机床的伺服进给电动机应能够实现高速、高精度传动，则采用的传动带是（　　）。
   A．圆带　　　　B．平带　　　　C．V 带　　　　D．同步带

16. 已知一个齿轮的齿距为 15.7mm，齿数为 55，则可以把该齿轮做成（　　）。
   A．齿轮轴　　　B．实体齿轮　　　C．腹板式齿轮　　　D．轮辐式齿轮

17. CA6140 卧式车床溜板箱与床身之间采用了（　　）。
   A．锥齿轮传动　　　　　　　　B．齿轮齿条传动
   C．内啮合齿轮传动　　　　　　D．交错轴齿轮传动

18. 闭式齿轮传动和蜗杆传动的主要润滑方法是（　　）。
   A．油环润滑　　　　　　　　　B．滴油润滑
   C．手工加油润滑　　　　　　　D．油浴和飞溅润滑

19. 在下列普通 V 带型号中，截面尺寸最小的是（　　）。
   A．A 型　　　　B．B 型　　　　C．C 型　　　　D．E 型

20. 蜗杆传动能用于分度机构，是由于蜗杆传动具有（　　）的特点。
   A．传动比大，结构紧凑　　　　B．传动平稳，噪声小
   C．自锁性　　　　　　　　　　D．承载能力大

21. 对于如图所示的减速器中的阶梯轴，根据其承受载荷情况，该轴属于（　　）。
   A．传动轴
   B．心轴
   C．转轴
   D．曲轴

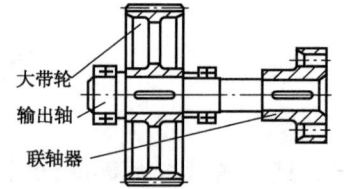

22. 液压传动不宜应用在（　　）的场合。
   A．大型机械　　　　　　　　　B．要求无级调速
   C．要求易实现控制　　　　　　D．要求精确传动比

23. 调速阀是由两个基本阀组合串联而成的，而这两个基本阀分别是节流阀和（　　）。
   A．溢流阀　　　B．减压阀　　　C．换向阀　　　D．顺序阀

24. 油液在一个无分支的管道中流动，若该管道有两处不同横截面，其内径之比是 1:4，则油液流经这两处不同横截面时的平均速度之比为（　　）。
   A．1:4　　　　B．16:1　　　　C．1:16　　　　D．4:1

25. 下列不属于气源三联件的是（　　）。
   A．过滤器　　　B．油雾器　　　C．减压阀　　　D．后冷却器

26. 若发现有人触电，第一步应做的事情是（　　）。
   A．联系医生　　　　　　　　　B．迅速用正确的方法使触电者脱离电源
   C．马上做人工呼吸　　　　　　D．迅速离开现场，防止触电

27. 当电路参考点改变后，能够改变的物理量是（　　）。
   A．电流　　　B．电压　　　C．电位　　　D．电阻

28. 当用万用表的"×1k"挡检测一只 10μF 电容器时，将表笔搭接在电容器两端，若发现指针迅速右偏后，逐渐退回起始位置，则说明电容器（　　）。
   A．漏电　　　B．内部断路　　　C．内部短路　　　D．质量好

29. 当穿过线圈的磁通发生变化时，与线圈两端感应电动势的大小成正比的是（　　）。
   A．磁通　　　B．磁通变化率　　　C．磁感应强度　　　D．磁通变化量

30. 反映交流电变化快慢的物理量为（　　）。
   A．最大值　　　B．有效值　　　C．角频率　　　D．初相位

31. 当感性负载并联适当的电容后，不会发生的是（　　）。
   A．功率因数角增大　　　　　　B．有功功率不变
   C．功率因数提高　　　　　　　D．总电流减小

32. 当单相电能表接线时，一般遵循的原则为（　　）。
    A．1、3端子接电源
    B．3、4端子接负载
    C．1、2端子接电源
    D．1、2端子接负载

33. 在RLC串联电路中，电阻两端的电压是8V，电感两端的电压是10V，电容两端的电压是4V，则此电路的功率因数是（　　）。
    A．0.6
    B．0.8
    C．0.5
    D．0.4

34. 在三相线供电系统中，若U相的相电压（U）表达式为$U=U_m\sin\omega t$，则U_{uv}表达式为（　　）。
    A．$U_{uv}=U_m\sin(\omega t-30°)$
    B．$U_{uv}=\sqrt{3}U_m\sin(\omega t-30°)$
    C．$U_{uv}=\sqrt{3}U_m\sin(\omega t+30°)$
    D．$U_{uv}=\sqrt{3}U_m\sin(\omega t-120°)$

35. 对于60W白炽灯和60W节能灯，下列说法不正确的是（　　）。
    A．两者的功率相同
    B．两者消耗的电能相同
    C．节能灯比白炽灯亮
    D．两者的亮度相同

36. 在电力系统中，K为1的变压器一般用于（　　）。
    A．变电压
    B．变电流
    C．变阻抗
    D．电气隔离

37. 关于低压电器，下列说法正确的是（　　）。
    A．熔断器在使用时，熔体的额定电流可大于熔管的额定电流
    B．交流接触器在失电后，衔铁是靠自身重力复位的
    C．热继电器既可用于过载保护又可用于短路保护
    D．热继电器是利用双金属片受热弯曲而推动触点动作的一种保护电器

38. 直流电动机的换向极绕组与（　　）串联。
    A．电枢绕组
    B．励磁绕组
    C．电源
    D．以上都不是

39. 若星形联结的三相异步电动机在运行过程中有一相电源断路，则气隙中产生的磁场为（　　）。
    A．旋转磁场
    B．零
    C．脉动磁场
    D．均匀磁场

40. 可以对计数器、定时器、数据寄存器内容清零的指令是（　　）。
    A．SET
    B．PLS
    C．RST
    D．PLF

41. 关于步进指令说法错误的为（　　）。
    A．STL仅对状态器S的动合触点起作用
    B．RET用于步进触点返回母线
    C．STL触点本身一般用SET指令驱动
    D．STL和RET必须成对使用

42. 三相异步电动机的过载系数一般为（　　）。
    A．1.8～2.5
    B．1.3～0.8
    C．1.1～1.25
    D．0.5～2.5

43. 在PLC的接线方式中，若有多个输入端共同使用一个公共端和一个公共电源，则此接线方式为（　　）。
    A．汇点式接线方式
    B．分隔式接线方式
    C．公共式接线方式
    D．分段式接线方式

44. 在FX2N系列PLC的基本指令中，（　　）是进栈指令。
    A．MCR
    B．MRD
    C．MPP
    D．MPS

45. 在PLC中，"OUT T0 K50"语句占的程序步数是（　　）。
    A．1
    B．2
    C．4
    D．3

46. 在PLC中，主控指令返回时的顺序是（　　）。
    A．随机嵌套
    B．从小到大
    C．从大到小
    D．同一标号

47. 下列表示连续执行的功能指令是（　　）。
    A．CMP
    B．ZCP(P)
    C．MOV(P)
    D．(D)MOV(P)

48. 在PLC中，K2M0表示存放的数据为（　　）。
    A．M1～M0组成的2位数据
    B．M2～M0组成的3位数据
    C．M7～M0组成的8位数据
    D．M7～M0组成的7位数据

49. 当变频器的面板上只有EXT指示灯亮时，说明变频器处于（　　）。
    A．通信操作模式
    B．组合操作模式1
    C．PU操作模式
    D．外部操作模式

50. 用变频器对电动机实现多段调速，操作模式参数应设置为（　　）。
    A．Pr.79＝2
    B．Pr.79＝3
    C．Pr.79＝0
    D．Pr.79＝1

卷二（非选择题，共100分）

二、简答作图题（本大题共10个小题，每小题为5分，共50分）

1. 如图所示为链传动的示意图，请问：

（1）图中链条采用何种张紧方法？链传动张紧轮位置与V带传动张紧轮的位置有什么不同之处？

（2）链传动张紧的目的是什么？

（3）除如图所示的张紧方法外，链传动还经常采用哪两种张紧方法？

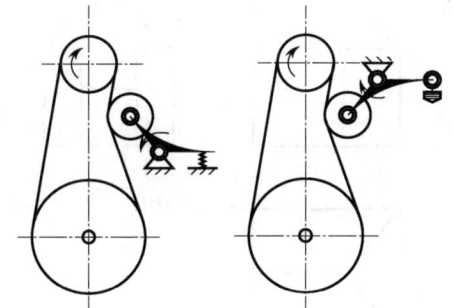

2．如图所示为机械压力机简图，电动机动力经 V 带和齿轮传动传递给曲轴 4，曲轴 4 带动冲头 6 对工作进行冲压，请问：

（1）根据承受载荷的特点，件 1 属于哪种轴？

（2）件 2 和件 3 相啮合，构成哪种运动副？

（3）件 4、件 5、件 6 和件 7 组成那种平面四杆机构？该机构在机械压力机工作时有没有死点？

（4）该电动机与曲轴 4 之间能不能保证准确的传动比？

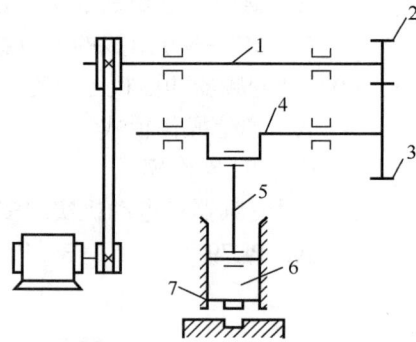

3．根据如图所示的三视图，画出正等轴测图。

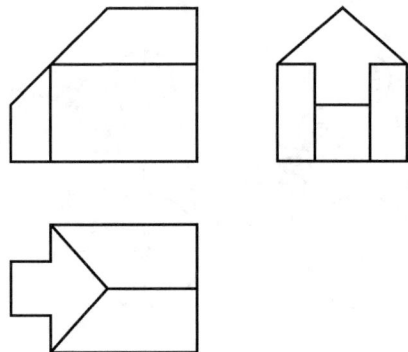

4．根据如图所示的主、左视图，画出俯视图。

5．根据如图所示的主、俯视图，画出半剖左视图。

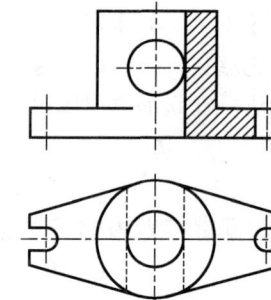

6．如图所示为用电流互感器（100A/5A）和电流表构成的测量电路，请问：

（1）配套使用电流表的量程为多少？

（2）若电流表的读数为 2A，则被测电流应为多少？

（3）更换电流表时，在不断电情况下能否将 K1 和 K2 两端短接？

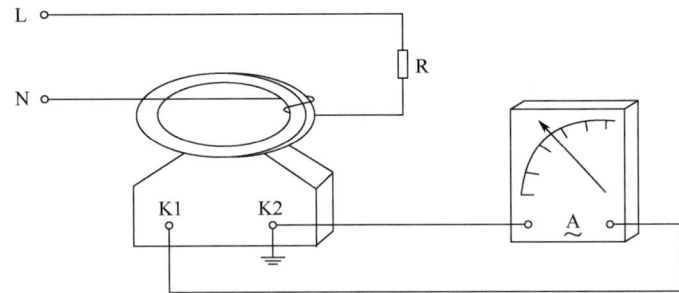

8．某报警器的控制要求：当开关闭合时，报警扬声器发出报警声，同时报警灯闪烁，且每次亮 0.5s，灭 1s，连续闪烁 60 次，然后停止声光报警，试根据 I/O 地址分配表把如图所示的梯形图补画完整。

I/O 地址分配表				
输入信号			输出信号	
1	X0	开关	1	Y0	扬声器
			2	Y1	报警灯

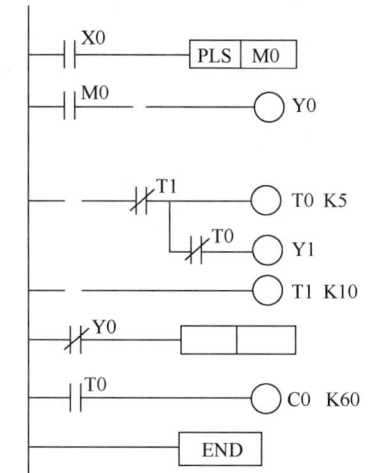

7．在如图所示的闭合回路中，当条形磁铁突然向左抽出时，试分析说明：

（1）检流计 G 的指针偏转方向。

（2）金属导体 ab 受安培力的方向。

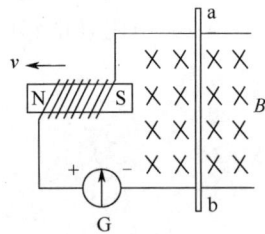

9．如图所示，变压器为理想变压器，当 RP 滑动触头向上滑动时，灯 HL1 和灯 HL2 的亮度如何变化？各仪表的读数如何变化？

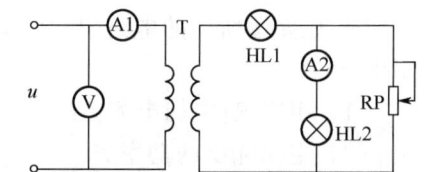

10. 如图所示为某同学用直流法来判断电动机的首、尾端时，用绝缘电阻表测量电动机绕组绝缘电阻实验的几个步骤。

（1）从图（a）得到什么结论？此步骤的目的是什么？

（2）根据图（b）所示现象（开关闭合时），指出所测两相绕组的首、尾端关系。

（3）如图（c）所示，用绝缘电阻表测量相与相之间的绝缘电阻是否正确？

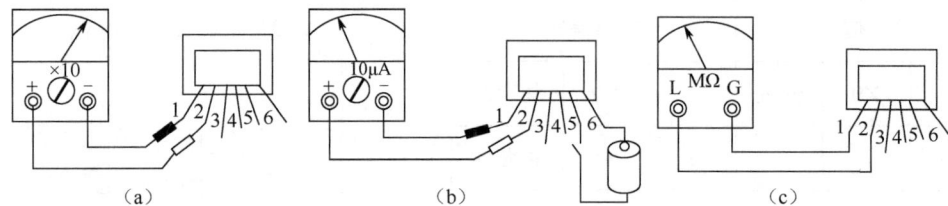

（a）　　　　　　　　（b）　　　　　　　　（c）

2. 一台工频三相异步电动机铭牌数据如下：型号为 Y–112M–4，接法为△，额定功率为 4kW，额定电流为 8.8A，额定电压为 380V，额定转速为 1440 r/min，满载时的功率因数为 0.8，求：

（1）电动机满载时的输入电功率。

（2）额定转差率。

（3）额定效率。

（4）额定转矩。

三、分析计算题（本大题共 4 个小题，第 1、第 2、第 3 小题均为 5 分，第 4 小题为 10 分，共 25 分）

1. 在如图所示的电路中，已知 R_1=3Ω，R_2=8Ω，R_3=6Ω，R_4=10Ω，电源电动势 E=6V，内阻 r=1Ω，求：

（1）电阻 R_4 中的电流 I_4。

（2）电源输出的功率 P。

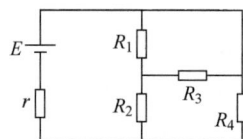

3. 在如图所示的电路中 R=3Ω，L=12.74mH，u=220$\sqrt{2}$ sin314t，求：

（1）电流有效值 I。

（2）电阻及电感的端电压有效值 U_R 和 U_L。

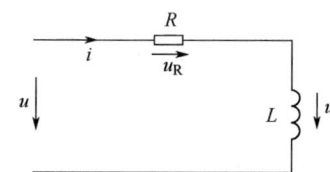

4. 如图所示为两级齿轮传动装置，轴Ⅰ为动力输入轴，轴Ⅲ为输出轴，各齿轮均为标准直齿圆柱齿轮，齿数 $z_1=24$，$z_2=48$，$z_3=20$，$z_4=30$，分析该传动路线，完成下列问题。

（1）输入轴和输出轴的转向是否相同？

（2）已知输入轴的转速 $n_1=1200$r/min，求输出轴的转速 n_3。

（3）若齿轮 1 的模数 $m_1=3$mm，试计算轴Ⅰ和轴Ⅲ的中心距 a。

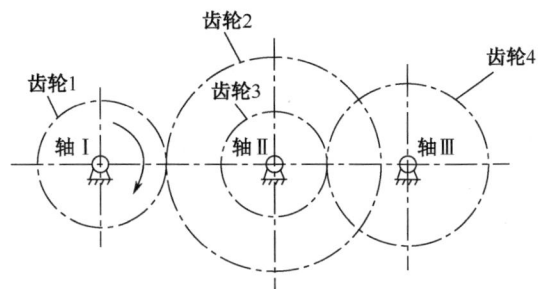

四、综合应用题（本大题共 2 个小题，第 1 小题为 10 分，第 2 小题为 15 分，共 25 分）

1. 某同学进行电动机的点动与连续控制电路实训操作，试完成下列问题。

（1）该台三相电动机铭牌如图所示，若该电动机在正常工作时无须频繁启动，则合适的主电路熔断器型号为（ ）。

A．RL1-60/40　　B．RL1-15/10　　C．RL1-60/20　　D．RL1-60/60

三相异步电动机				
型号Y-112M-4		编号		
4.0kW			8.8A	
380V	1440r/min		LW	82dB
接法△	防护等级IP44		50Hz	45kg
标准编号	工作制S1		B级绝缘	年　月
××电机厂				

（2）请将如图所示的原理图补画完整。

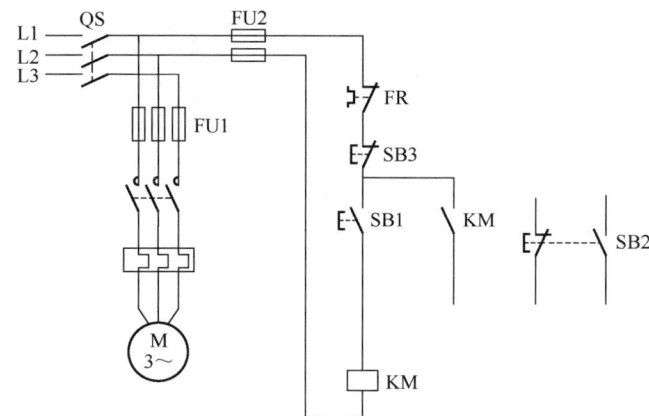

（3）根据如图所示的点动与连续控制电路原理图，请将实际接线图补画完整。

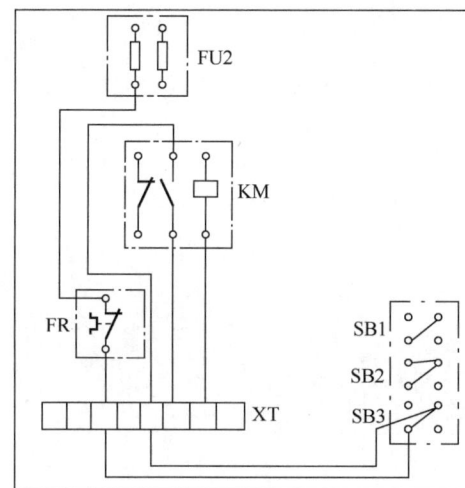

2.（本小题每空为 1 分，共 15 分）分析如图所示的托脚零件图，完成下列问题。

（1）主视图上有两处________剖，*B* 向视图是________视图。

（2）该零件安装底面有两个________形的安装螺孔，该零件的名称为________。

（3）在 *B* 向视图中，两个螺孔的中心距是________。

（4）在主视图中，[⊥ | φ0.015 | *A*]的含义：基准要素为__________________，被测要素为________________，公差项目为________，公差值为________________。

（5）托脚表面粗糙度要求最高的表面是________________。

（6）试画出托脚的左视图（不画虚线）。

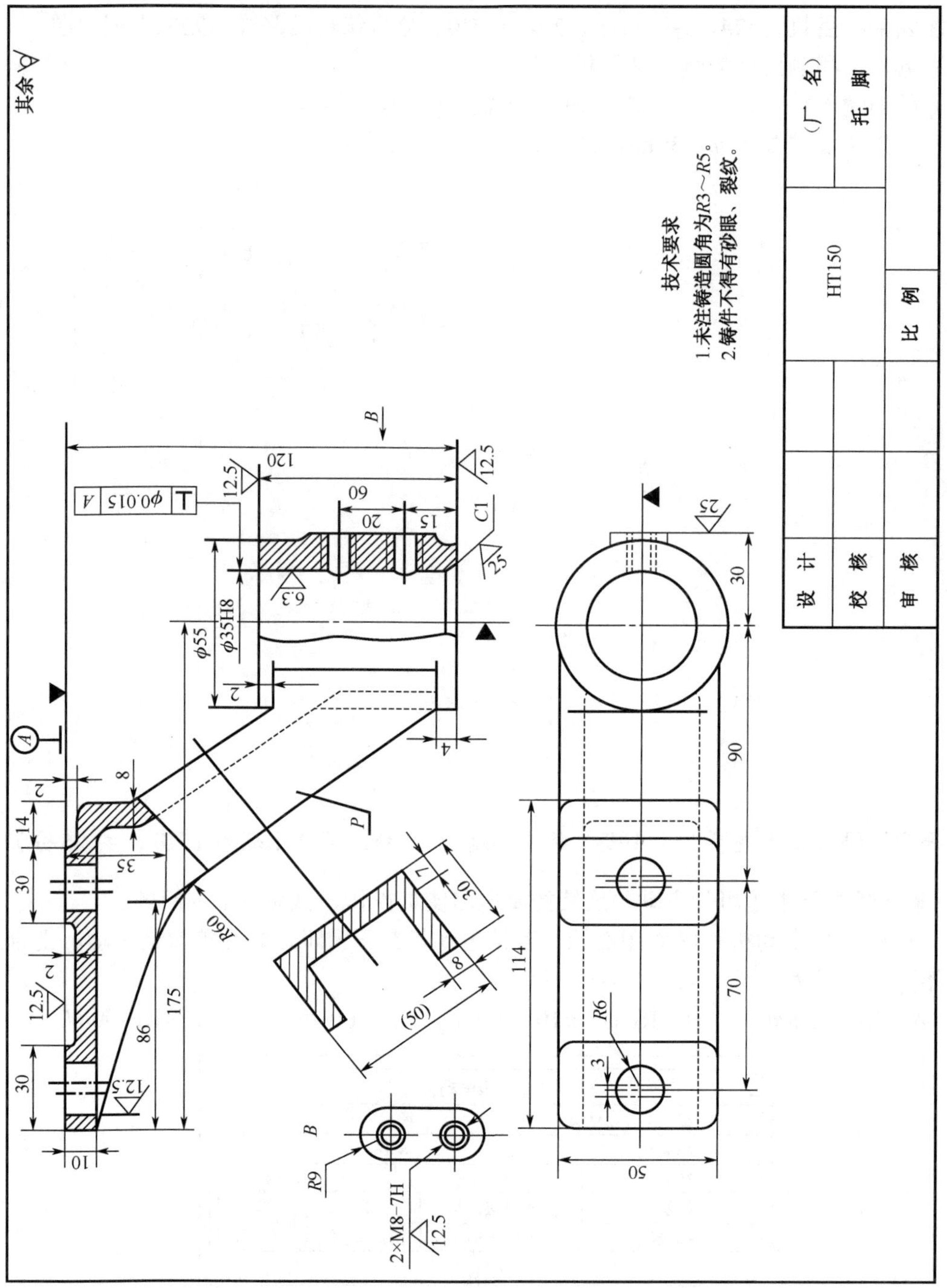

其余
技术要求
1.未注铸造圆角为R3～R5。
2.铸件不得有砂眼、裂纹。
（厂 名）
托 脚
HT150
比 例
设 计
校 核
审 核
φ0.015 A
φ35H8
φ55
2×M8-7H
R60
R9
R6

职 教 高 考 模 拟 试 卷

机电技术（三）

本试卷分卷一（选择题）和卷二（非选择题）两部分。满分为 200 分，考试时间为 120 分钟。考试结束后，请将本试卷和答题卡一并交回。

卷一（选择题，共 100 分）

一、选择题（本大题共 50 个小题，每小题为 2 分，共 100 分。在每小题列出的 4 个选项中，只有 1 个选项符合题目要求，请将符合题目要求的选项字母代号选出，并填涂在答题卡上）

1. 依据机械制图国家标准（GB/T 4457.4—2002），图线运用正确的是（ ）。
   A. 断裂处边界线用波浪线
   B. 重合断面轮廓线用粗实线
   C. 零件成形前的轮廓线用细点画线
   D. 铸造零件的相交表面圆滑过渡处的过渡线用粗实线

2. 当虚线与其他图线相交或相接时，画法正确的是（ ）。

   A   B   C   D

3. "⊔" 图示符号表示（ ）。
   A. 深度   B. 沉孔   C. 埋头孔   D. 厚度

4. 若已知如图所示的主、俯视图，则错误的左视图是（ ）。

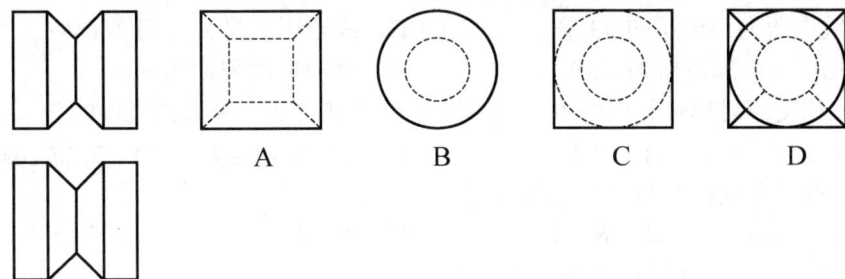

   A   B   C   D

5. 若已知如图所示的主、左视图，则正确的俯视图是（ ）。

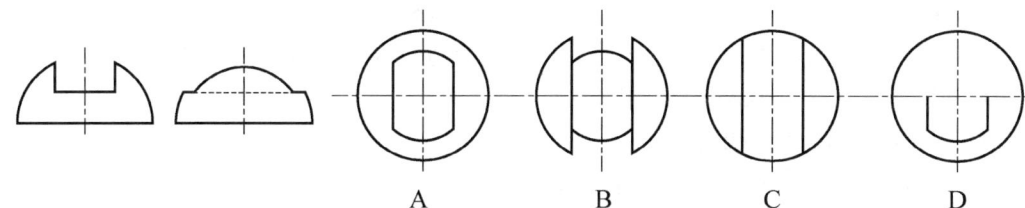

   A   B   C   D

6. 若已知如图所示圆柱的主、俯视图，则正确的左视图是（ ）。

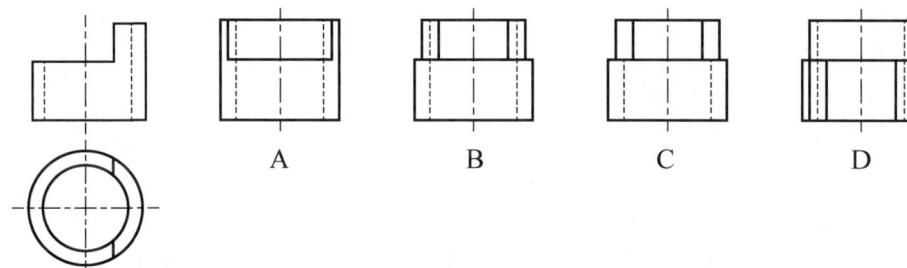

   A   B   C   D

7. 若已知如图所示的左视图，则正确的全剖主视图是（ ）。

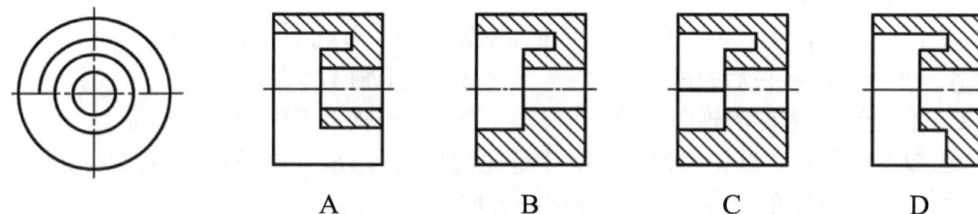

   A   B   C   D

8. 若已知如图所示的左视图，则正确的局部剖主视图是（ ）。

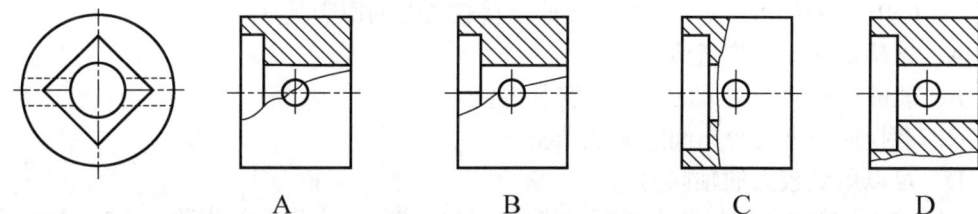

   A   B   C   D

9. 对于两个相啮合的齿轮，在平行于齿轮轴线的投影面视图中，其节线用（ ）绘制。
   A. 粗实线   B. 细实线   C. 点画线   D. 虚线

10. 关于装配图的叙述，正确的是（ ）。
    A. 装配图表达了机器（或部件）的结构、工作原理和装配关系
    B. 当不接触的表面和非配合表面间隙很小时，可以只画一条线
    C. 在各视图上，同一零件的剖面线方向应一致，但间隔可以不同
    D. 在装配图上，安装尺寸是用以表达机器装配性能的尺寸

11. 圆头普通平键主要应用于（ ）。
    A. 阶梯轴中段与零件的连接   B. 阶梯轴端部与零件的连接
    C. 锥形轴与零件的连接   D. 光轴端部与零件的连接

12. （ ）是广泛用于经常拆开的连接处，并起到一定防松作用的螺纹连接件。

A. 平垫圈   B. 地脚螺栓

C. 紧定螺钉   D. 标准型弹簧垫圈

13. 在下列工作情况中，必须选用具有弹性的挠性联轴器的是（   ）。

     A. 工作平稳，两轴线严格对中

     B. 工作平稳，两轴线对中差

     C. 载荷多变，经常反转，频繁启动，两轴线不严格对中

     D. 转速稳定，两轴线严格对中

14. 如图所示的简易油泵应用的是（   ）。

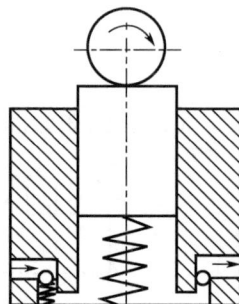

     A. 曲柄滑块机构

     B. 偏心轮机构

     C. 滚子从动件盘形凸轮机构

     D. 平底从动件盘形凸轮机构

15. 有一对心式曲柄滑块机构，曲柄长为 100mm，则滑块行程是（   ）。

     A. 50mm   B. 100mm   C. 200mm   D. 400mm

16. 当中心距不便调整时，为使 V 带只受单向弯曲，张紧轮应安装在（   ）。

     A. 松边内侧，靠近大带轮处   B. 松边内侧，靠近小带轮处

     C. 松边外侧，靠近小带轮处   D. 松边外侧，靠近大带轮处

17. 在同一轴上，不同轴段的键槽应布置在轴的同一母线上，其目的是（   ）。

     A. 便于一次装夹后完成加工   B. 便于轴上零件的装拆

     C. 便于轴上零件的轴向定位   D. 便于轴上零件的周向定位

18. 已知自行车的大链轮齿数为 48，小链轮的齿数为 16，车轮的直径为 500mm，若大链轮转动一圈，那么自行车前进（   ）距离（π 取 3）。

     A. 4.5m   B. 5.3m   C. 8.5m   D. 6.3m

19. 将对开式滑动轴承应用于中、高速及重载场合的原因是（   ）。

     A. 结构简单，价格低廉

     B. 能够调整磨损造成的间隙，安装方便

     C. 磨损后轴承的径向间隙无法调整

     D. 可以承受较大的轴向力

20. 有一对正确啮合的标准直齿圆柱齿轮，转向相同，小齿轮的齿数为 25，大齿轮的齿数为 55，两轮中心距为 60mm，则小齿轮的模数为（   ）。

     A. 1.5mm   B. 4mm   C. 2.5mm   D. 3mm

21. 一位大型货车司机操作不当，导致齿轮箱中的齿轮承受了巨大的冲击，此时最容易出现（   ）。

     A. 齿面胶合   B. 齿面点蚀

     C. 齿面磨损   D. 齿根折断

22. 液压系统中的压力取决于（   ）。

     A. 温度   B. 流量   C. 流速   D. 负载

23. （   ）三位四通换向阀能实现液压缸活塞双向锁紧、液压泵卸荷的中位机能。

     A. O 型   B. H 型   C. M 型   D. P 型

24. 在液压系统中，油液在一个无分支的管道中流动，若该管道有两处不同横截面，其

内径之比为 5:3，则油液经过这两处不同截面时的流量之比是（   ）。

     A. 5:3   B. 3:5   C. 1:1   D. 25:9

25. 下列不属于气压传动优点的是（   ）。

     A. 安全可靠   B. 可远距离传输

     C. 速度稳定性好   D. 储存方便

26. 普通试电笔测量的电压范围为（   ）。

     A. 0～500V   B. 36～500V

     C. 60～500V   D. 0～380V

27. 如图所示的电路，节点数、支路数、网孔数分别为（   ）。

     A. 3，4，5

     B. 4，5，3

     C. 2，6，3

     D. 3，5，3

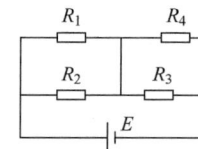

28. 如图所示的电路，若电流表和电压表的读数均突然增大，则造成这种现象的原因为（   ）。

     A. R_1 断路   B. R_2 断路

     C. R_3 短路   D. R_1 短路

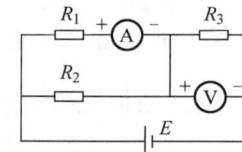

29. 当万用表选择开关置于"×1k"挡时，将表笔与电容器的两端相接，若指针转到 0Ω 位置后不再回去，说明电容器（   ）。

     A. 漏电   B. 内部断路

     C. 内部短路   D. 质量好

30. 左手定则可以判断通电导体在磁场中的（   ）。

     A. 受力大小   B. 受力方向

     C. 运动方向   D. 运动速度

31. 两个同频率正弦交流电 i_1、i_2 的有效值各为 40A 和 30A，若 i_1+i_2 的有效值为 70A，则 i_1 与 i_2 的相位差是（   ）。

     A. 0°   B. 180°   C. 90°   D. 45°

32. 在工频动力供电线路中，若采用星形联结的三相四线制供电，线电压为 380V，则（   ）。

     A. 线电压为相电压的 $\sqrt{3}$ 倍   B. 线电压的最大值为 380V

     C. 相电压的瞬时值为 220V   D. 交流电的周期为 0.2s

33. 在三相交流对称负载电路中，负载所获得的有功功率表达式错误的为（   ）。

     A. $3U_LI_L$ B. $3I^2R$ C. $\sqrt{3}\,U_LI_L\cos\phi$ D. $3U_PI_P\cos\phi$

34. 属于升压变压器的是（   ）。

     A. $I_1>I_2$ B. $K>1$ C. $I_1<I_2$ D. $N_1>N_2$

35. 具有欠、失电压保护作用的低压电器是（   ）。

     A. 交流接触器   B. 热继电器

     C. 熔断器   D. 刀开关

36. 当一台三相异步电动机分别在空载、负载下启动时，有关启动电流说法正确的是（   ）。

A．负载时启动电流大   B．启动电流相同

C．启动电流无法比较   D．空载时启动电流大

37．在单相电容启动式异步电动机中电容的作用是（   ）。

A．耦合   B．防止电磁振荡

C．分相   D．提高功率因数

38．直流电动机换向极的作用是（   ）。

A．改善换向   B．改变旋转磁场方向

C．增强主磁场   D．实现交直流转换

39．在使用 PLC 编程时，进栈指令 MPS 可以连续使用的次数不超过（   ）。

A．11 次   B．9 次

C．10 次   D．8 次

40．三相异步电动机的转矩与电源电压的关系是（   ）。

A．与电压的平方成正比   B．与电压的平方成反比

C．成正比   D．成反比

41．电源应接 RL 螺旋式熔断器的（   ）。

A．上接线柱   B．上接线柱或下接线柱

C．下接线柱   D．位置无法确定

42．下列有关照明灯具的说法错误的是（   ）。

A．白炽灯的发光效率比荧光灯高 4 倍，其寿命比荧光灯长 2～3 倍

B．碘钨灯具有寿命不长、安装水平要求高等缺点

C．白炽灯能瞬间点燃，可用于应急照明

D．电子镇流器式荧光灯启动时无火花，不需要启辉器和补偿电容

43．三相异步电机运行时输出功率的大小取决于（   ）。

A．定子电流的大小   B．轴上阻力转矩的大小

C．额定功率的大小   D．电源电压的高低

44．在 PLC 中，可以通过编程器修改或增删的是（   ）。

A．系统程序   B．工作程序

C．用户程序   D．任何程序

45．在 PLC 中，M8013 产生的脉冲周期是（   ）。

A．1s   B．100ms

C．10ms   D．1ms

46．编制顺序功能图，当程序向下一个不相邻的状态转移时，STL 触点用（   ）指令驱动。

A．SET   B．TRAN

C．CJ   D．OUT

47．在 PLC 中，关于电路块的串联、并联指令，下列说法错误的是（   ）。

A．ANB 用于并联电路块的串联   B．ANB、ORB 指令不占程序步

C．ANB、ORB 指令均无操作数   D．ORB 用于串联电路块的并联

48．在 PLC 中，对于 M0～M15，若 M0、M3 都为 1，其余都为 0，则 K4M0 数值（   ）。

A．12   B．11   C．9   D．10

49．正弦波脉冲宽度调制英文缩写是（   ）。

A．SPWM   B．PAM

C．PWM   D．SPAM

50．若用 FR-E740 变频器控制电动机（电动机的名牌频率是 60Hz），则需要调整参数（   ）的基准频率。

A．Pr.79   B．Pr.3

C．Pr.2   D．Pr.1

卷二（非选择题，共 100 分）

二、简答作图题（本大题共 10 个小题，每小题为 5 分，共 50 分）

1．如图所示为螺纹防松中常用的开口销与槽形螺母示意图，请问：

（1）螺纹防松属于哪种常用防松措施？

（2）与螺纹防松原理相同的还有哪种具体的方法？

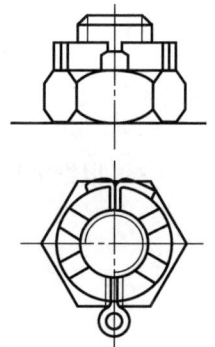

2．有一个圆锥滚子轴承，宽度系列代号为 0，直径系列代号为 2，内径尺寸为 55mm，轴承内圈与轴采用过盈配合，且拆装较困难。

（1）正确书写该轴承的基本代号。

（2）在安装该轴承时，安装工具应作用在轴承的哪个部位上？

（3）应采用什么适合的方法拆卸该轴承？

4．根据如图所示的主、俯视图，画出全剖左视图。

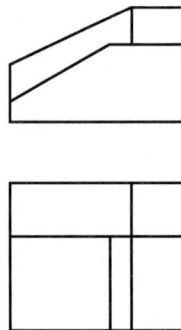

5．根据如图所示的主、俯视图，在指定位置画出 A—A 全剖视图。

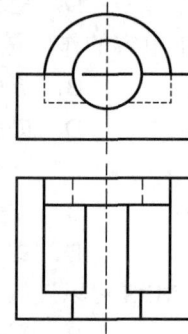

A—A

3．根据如图所示的主、俯视图，画出左视图。

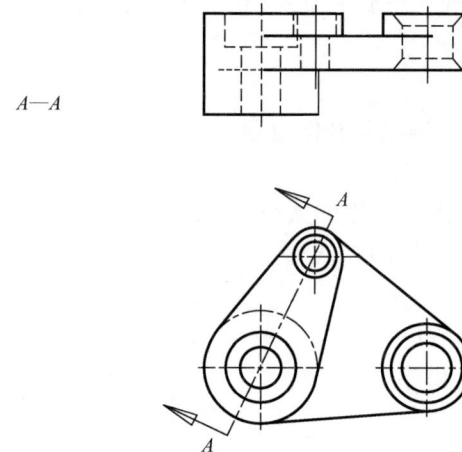

6. 某台三相异步电动机的铭牌如图所示，请问：

三相异步电动机			
型号Y-112M-6		编号	
4.0kW		8.8A	
380V	1440r/min	LW	82dB
接法△	防护等级IP44	50Hz	45kg
标准编号	工作制S1	B级绝缘	年　月
××电机厂			

（1）该电动机的极对数是多少？

（2）该电动机的额定转差率是多少？

（3）当该电动机丫—△降压启动时，加在定子绕组两端的电压是多少？

7．对于如图所示的梯形图，试问：

（1）K60 是计数器 C0 的什么值？

（2）当 X0 常开触点闭合后，C0 的当前值是否改变？

（3）M8013 产生的脉冲周期是多少？

（4）M1 产生的脉冲周期是多少？

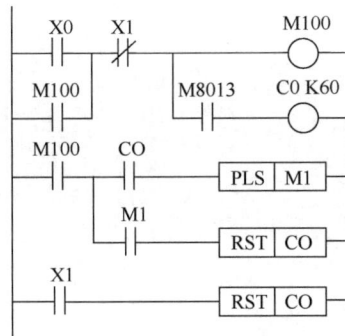

8．如图所示，某同学进行变频器控制实训，设置变频器参数 Pr.4=25，Pr.5=35，Pr.6=45，Pr.79=2，其他参数采用默认值，当闭合 QF、按下 SB1 后，请问：

（1）若只按下开关 S1 和 S2，电动机转速对应的频率是多少？

（2）若只按下开关 S1、S3 和 S4，电动机转速对应的频率是多少？

（3）重新设置 Pr.26=40 后，要使电动机转速对应的频率是 40 Hz，除按下 S1 外，还要按下哪几个开关？

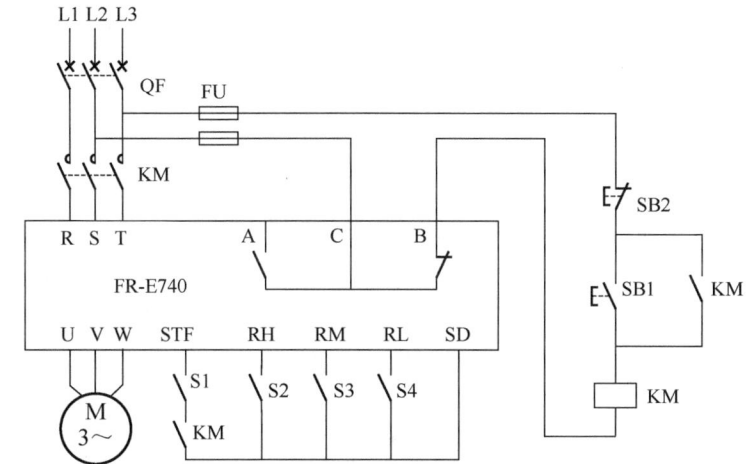

9．如图所示的导体 CD 在平滑金属导轨上向右匀速移动，请在图中标出：

（1）导体 CD 中产生的感应电流方向。

（2）铁芯两端产生的磁极极性。

（3）通电导体 GH 所受力的方向。

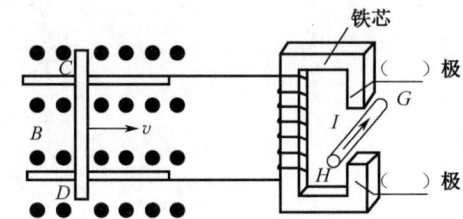

10. 如图所示，假设电源为实际电源，当电阻 RP 的滑动触头向左移动时，各电表的读数分别如何变化？

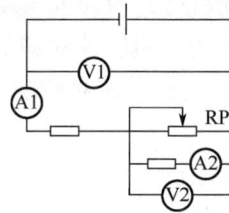

2. 对于如图所示的电路，已知电阻分别为 $R_1=500\Omega$，$R_2=4k\Omega$，$R_3=1k\Omega$，$R_4=2k\Omega$，电流分别为 $I_1=3mA$，$I_2=4mA$，$I_3=1mA$，电源电动势分别为 $E_1=2V$，$E_2=4V$，试求 U_{ab}、U_{bd}。

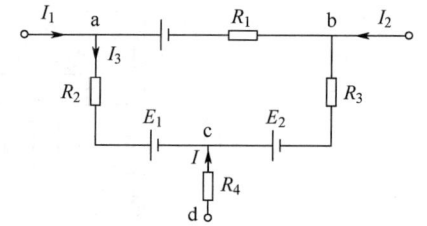

三、**分析计算题**（本大题共 4 个小题，第 1、第 2、第 3 小题均为 5 分，第 4 小题为 10 分，共 25 分）

1. 如图所示，$E_1=12V$，$E_2=4V$，$R_1=4\Omega$，$R_2=4\Omega$，$R_3=2\Omega$，求：
（1）当开关 S 断开时，A、B 两点间的电压。
（2）当开关 S 闭合时，A、B 两点间的电压。

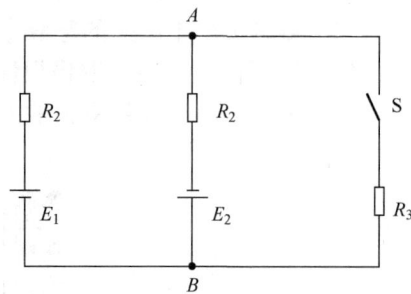

3. Y–160M–2 三相异步电动机额定功率 $P_N=11kW$，额定转速 $n_N=2930r/min$，$\lambda=2.2$，额定频率为 50Hz，求：该电动机的额定转矩、最大转矩、转差率。

4．如图所示为某重物提升装置，电动机的转速 $n=600r/min$，带轮的直径 $D_1=200mm$，$D_2=400mm$，其中 A、B、C 为三联滑移齿轮，各齿轮的齿数分别为 $z_A=30$、$z_B=50$、$z_C=45$、$z_3=60$、$z_4=40$、$z_5=55$、$z_6=18$、$z_7=36$、$z_8=27$。

（1）蜗杆 9 能得到几种转速？

（2）分析齿轮 7 的作用。

（3）判断蜗杆 9 的旋进方向。

（4）当齿轮 B 与齿轮 4 啮合时，计算蜗杆 9 的转速。

（5）若蜗杆 9 的传动比为 15，鼓轮 10 的直径 $D=200mm$，计算重物上升的速度（计算结果四舍五入，保留 1 位小数）。

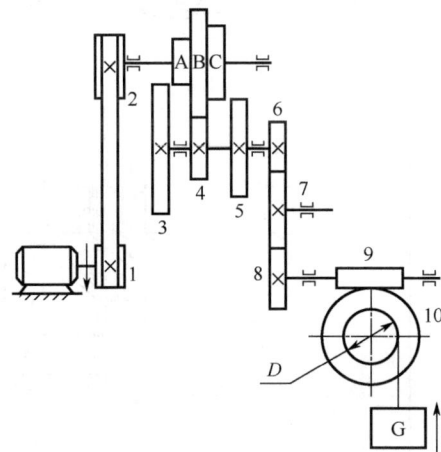

四、综合应用题（本大题共 2 个小题，第 1 小题为 10 分，第 2 小题为 15 分，共 25 分）

1．某同学根据如图所示的接触器联锁正反转原理图进行配盘接线，请完成下列问题：

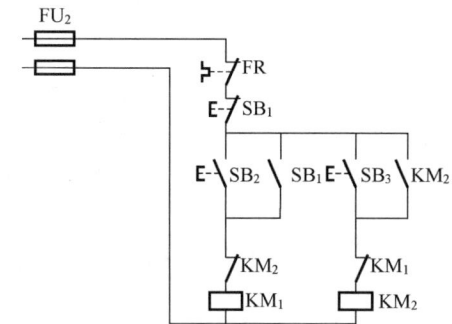

（1）如图所示的接触器 KM1 中 1、2、3、4 处所连接的部件名称分别是什么？当按下手动按钮 5 时，主触点如何动作？

（2）如图所示为该同学完成的接线图，已知所用接触器线圈电阻为 1800Ω，若将万用表两表笔放在 FU2 前端，只按下按钮 SB2，所测电阻是多少？只按下接触器 KM1 上的手动按钮 5 时所测电阻又是多少？

（3）如果在 FU2 前端加额定电压，按下按钮 SB3 后再松开，会发生什么现象？

（4）将如图所示的接线图补画完整。

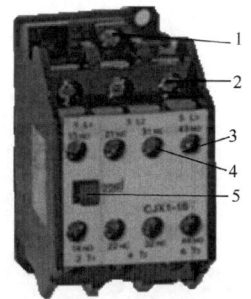

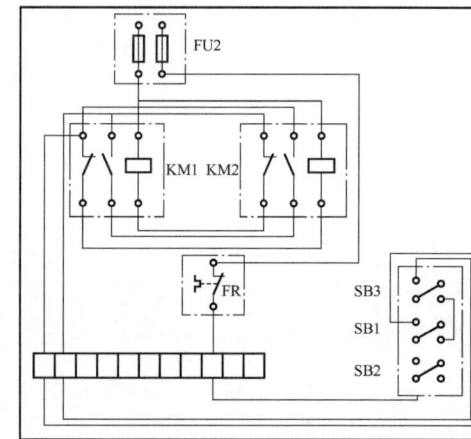

2．（本小题每空为 1 分，共 15 分）根据如图所示的跟刀架装配图，完成下列问题。

（1）跟刀架装配图使用了 4 个图来表达，其中主视图是_____视图，A—A 向视图是_____视图，B 向视图是_____视图，还有一个_____图用来表达支承架截面形状。

（2）床鞍采用了装配图中的_____画法，320 是_____尺寸，ϕ85、ϕ15 是_____尺寸。

（3）螺母 4 与跟刀架体 9 之间是_____配合，螺钉 6 对圆柱形滑动套 7 的作用是_____，以保证滑动套 7 只作直线运动，而不与跟刀架体 9 发生相对转动。

（4）旋转手轮 1 按旋进的方向转动一周，顶块 8 的移动方向为_____（填"外伸"或"回缩"）。

（5）在指定位置画出滑动套 7 的全剖主视图（采用加工位置，尺寸从图中量取）。

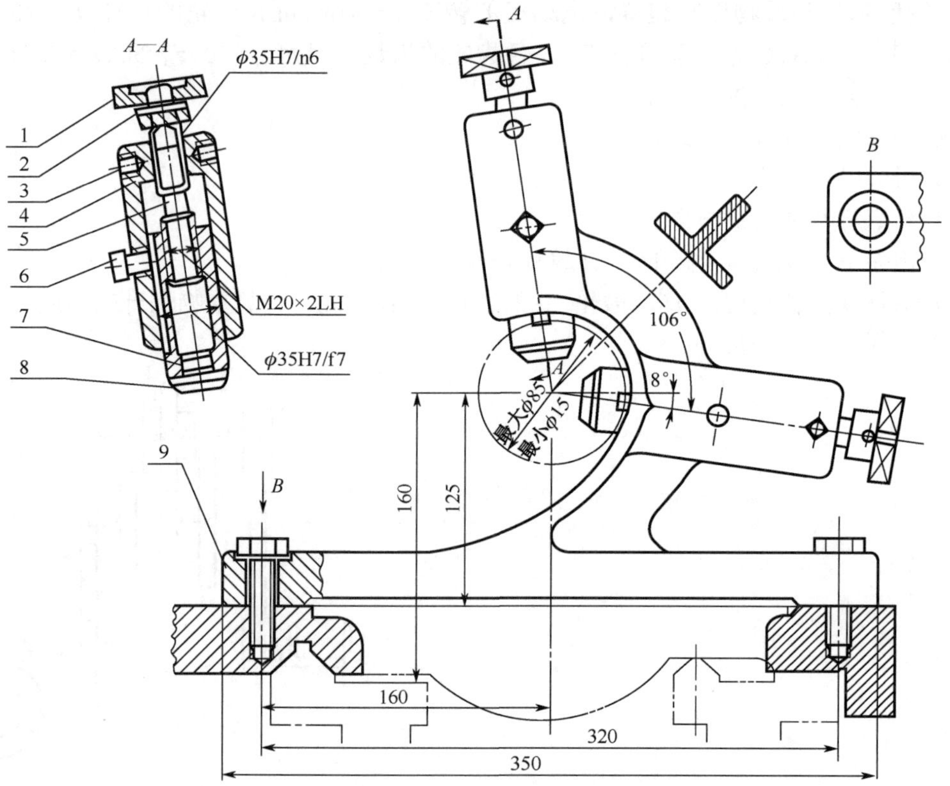

A—A

ϕ35H7/n6

M20×2LH

ϕ35H7/f7

106

8°

160

125

160

320

350

跟刀架工作原理

跟刀架是在车床上加工细长轴时为提高支承刚度而采用的车床辅件。工作时，用螺钉将跟刀架固定在车床床鞍上，通过转动旋转手轮使滑动套、顶块向外移动顶住被加工轴的已加工外圆部分，并和车刀一起纵向移动，以达到减小工件震动和变形的目的。

9	跟刀架体	1	HT200	
8	顶块	1	ZQSn4-3	
7	滑动套	1	45	
6	螺钉	1	30	
5	螺杆	2	45	
4	螺母	2	45	
3	紧定螺钉	4	Q235A	
2	钢	1	30	
1	旋转手轮	1	HT200	
序号	名称	件数	材料	备注

跟刀架		比例		
		重量		
班组	机装	0.1	第1张	共1张
制图		5.3		
审核		5.4		

职 教 高 考 模 拟 试 卷

机电技术（四）

本试卷分卷一（选择题）和卷二（非选择题）两部分。满分为 200 分，考试时间为 120 分钟。考试结束后，请将本试卷和答题卡一并交回。

卷一（选择题，共 100 分）

一、选择题（本大题共 50 个小题，每小题为 2 分，共 100 分。在每小题列出的 4 个选项中，只有 1 个选项符合题目要求，请将符合题目要求的选项字母代号选出，并填涂在答题卡上）

1. 圆锥体的高度为 40mm，底圆半径为 10mm，则该圆锥的锥度为（　　）。
   A. 1:2　　　　　B. 4:1　　　　　C. 1:4　　　　　D. 10:40

2. 尺寸界线一般应与尺寸线垂直，并超出尺寸线（　　）mm。
   A. 2～3　　　　B. 3～4　　　　C. 5～7　　　　　D. 7～10

3. 在点、线、面的投影中，下列说法错误的是（　　）。
   A. 点的水平投影到 Y 轴的距离，等于点的正面投影到 Z 轴的距离
   B. 点的侧面投影到 Z 轴的距离，等于点的水平投影到 Y 轴的距离
   C. 侧平线的正面投影平行于 Z 轴，而其水平投影平行于 Y 轴
   D. 正平线在 V 面投影反映实形

4. 若空间两点 A、B 在 W 面的投影具有积聚性，且 A 点在 B 点的右侧，则两点 A、B 在 W 面的投影标注应为（　　）。
   A. $a''b''$　　　B. $(a'')b''$　　　C. $b''(a'')$　　　D. $b''a''$

5. 若已知如图所示的主、俯视图，则正确的左视图是（　　）。

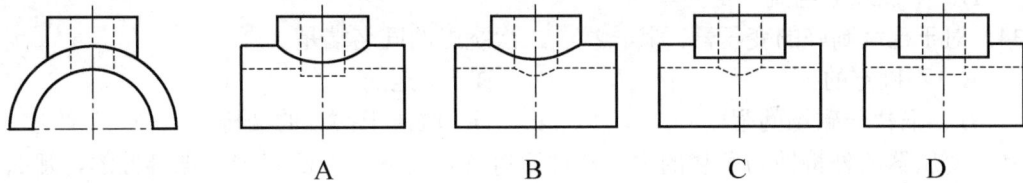

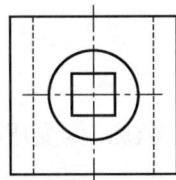

6. 若已知如图所示的主、俯视图，则正确的左视图是（　　）。

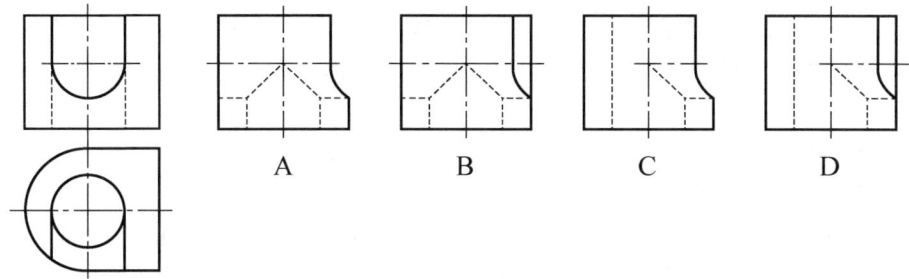

7. 若已知如图所示的主、俯视图，则正确的全剖左视图是（　　）。

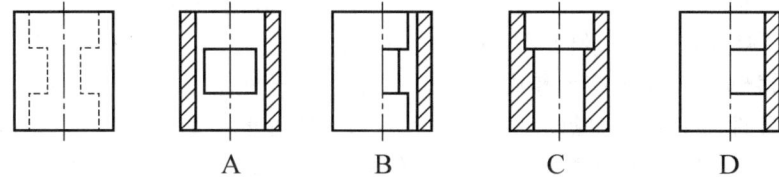

8. 若已知如图所示的俯视图，则正确的主视图是（　　）。

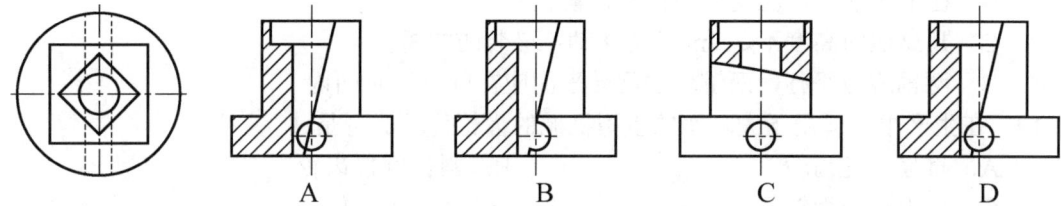

9. 假设用剖切面将物体的某处切断，且仅画出该剖切面与物体接触部分的图形，则该图形称为（　　）。
   A. 斜视图
   B. 局部剖视图
   C. 半剖视图
   D. 断面图

10. 如图所示，关于标准件的装配画法正确的是（　　）。

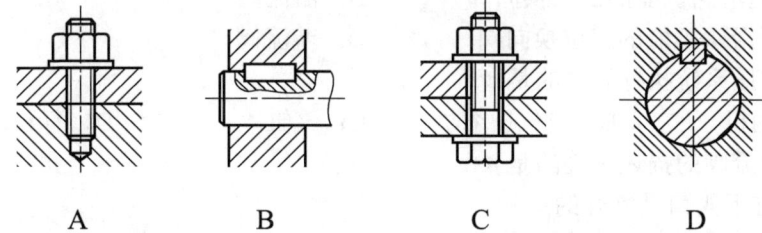

11. 对轴和轮毂的强度削弱较小，且主要用于薄壁结构的键连接类型是（　　）。
    A. 普通平键连接
    B. 薄型平键连接
    C. 导向平键连接
    D. 楔键连接

12. 在下列螺纹连接防松方法中，不属于固定螺母与螺杆相对位置的是（　　）。
    A. 双螺母对顶防松
    B. 槽形螺母与开口销防松

C．圆螺母与止动垫圈　　　　　　　　　　D．止动垫片防松

13．轧钢机要在高速、重载、启动频繁的场合下工作，则其适合的联轴器是（　　）。

　　A．凸缘联轴器　　　　　　　　　　　B．齿式联轴器

　　C．滑块联轴器　　　　　　　　　　　D．蛇形弹簧联轴器

14．曲柄滑块机构的滑块与导轨之间构成的运动副是（　　）。

　　A．高副　　　B．螺旋副　　　C．转动副　　　D．移动副

15．为使机构能顺利通过死点，可采用的方法是（　　）。

　　A．增大位夹角　　　　　　　　　　　B．增加曲柄长度

　　C．加大惯性　　　　　　　　　　　　D．增加连杆长度

16．轴肩过渡处加工过渡圆角是为了（　　）。

　　A．改进结构，减少应力集中　　　　　B．便于加工

　　C．使零件轴向定位可靠　　　　　　　D．使外形美观

17．滚动轴承在密封不可靠且多尘的运转条件下工作时，易发生的失效形式为（　　）。

　　A．疲劳点蚀　　　　　　　　　　　　B．塑性变形

　　C．磨粒磨损　　　　　　　　　　　　D．滚动体破裂

18．在链传动安装过程中，下列说法正确的是（　　）。

　　A．两链轮的轴心连线最好垂直布置

　　B．在链传动时，应使松边在上，紧边在下

　　C．凡离地面高度不足 2m 的链传动不必装防护罩

　　D．两轴线应平行，两链轮的回转平面应在同一铅垂面内

19．在生产中，适用于大功率的重型机械的齿轮传动类型是（　　）。

　　A．直齿圆柱齿轮　　　　　　　　　　B．斜齿圆柱齿轮

　　C．直齿圆锥齿轮　　　　　　　　　　D．人字形齿轮

20．已知齿轮的齿距为 12.56mm，齿轮的齿数为 80，则该齿轮应做成（　　）。

　　A．齿轮轴　　　B．实心式　　　C．腹板式　　　D．轮辐式

21．若齿轮在传动中受到严重过载或冲击载荷作用，则齿轮的主要失效形式是（　　）。

　　A．齿面点蚀　　　B．轮齿折断　　　C．塑形变形　　　D．齿面胶合

22．能使单出杆活塞式液压缸实现快进、工进和快退的液压元件是（　　）。

　　A．M 型滑阀机能的三位换向阀　　　　B．溢流阀

　　C．P 型滑阀机能的三位换向阀　　　　D．节流阀

23．属于气压系统执行元件的是（　　）。

　　A．电动机　　　B．空气压缩机　　　C．气缸　　　D．行程阀

24．关于溢流阀的描述正确的是（　　）。

　　A．常态下阀口是常开的

　　B．进出油口均有压力，且压力大小相等

　　C．阀芯随着系统的压力的变化而移动

　　D．一般串联在进油主油路上，起安全保护作用

25．气压传动系统中的消声器属于（　　）。

　　A．辅助元件　　　B．控制元件　　　C．气源装置　　　D．执行元件

26．用测电笔测不发光的白炽灯的两端，均不能使测电笔发光，则（　　）。

　　A．相线断　　　　　　　　　　　　　B．中性线断

　　C．相线、中性线均断　　　　　　　　D．相线、中性线均正常

27．2.7kΩ 色环电阻的色环颜色是（　　）。

　　A．红紫红　　　　　　　　　　　　　B．红紫橙

　　C．橙紫红　　　　　　　　　　　　　D．橙红橙

28．"220V，40W"的灯 A 和"220V，100W"的灯 B 串联后接到 220V 的电源上，则（　　）。

　　A．灯 A 较亮　　　　　　　　　　　　B．灯 B 较亮

　　C．两灯一样亮　　　　　　　　　　　D．无法确定以上情况

29．未充电的电容器与直流电压接通的瞬间（　　）。

　　A．电容量为零　　　　　　　　　　　B．电容器相当于开路

　　C．电容器相当于短路　　　　　　　　D．电容器两端电压为直流电压

30．若均匀磁场垂直穿过一个矩形线圈，则当矩形线圈在磁场中平移离开磁场时，矩形线圈中将（　　）。

　　A．产生感应电动势　　　　　　　　　B．产生感应电流

　　C．无电磁感应现象　　　　　　　　　D．无法确定以上情况

31．如图所示的两交流电的初相分别是（　　）。

　　A．$\dfrac{\pi}{2}$，0　　　B．$-\dfrac{\pi}{2}$，0

　　C．$\dfrac{\pi}{2}$，π　　　D．$-\dfrac{\pi}{2}$，π

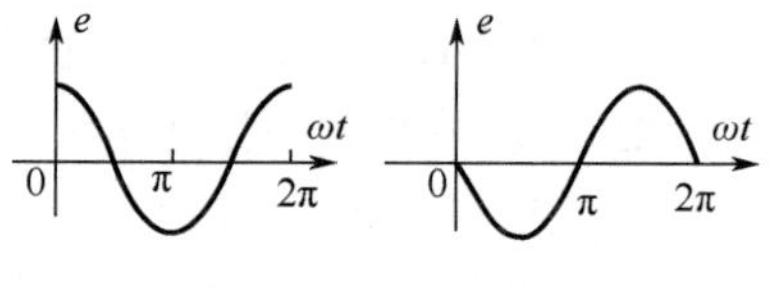

32．某元件上的电压和电流表达式分别为 $u = 100\sqrt{2}\sin(\omega t - 60°)$，$i = 5\sqrt{2}\sin(\omega t + 30°)$，该元件为（　　）。

　　A．电感性元件　　　　　　　　　　　B．电容性元件

　　C．纯电容元件　　　　　　　　　　　D．纯电感元件

33．三相四线制供电系统不具有的特点是（　　）。

　　A．能提供两组对称电压

　　B．线电压等于相电压的 $\sqrt{3}$ 倍

　　C．各线电压在相位上比对应的相电压超前 30°

　　D．中性线上电流一定为零

34．对于已绕制好的变压器，其一次、二次绕组的同名端是（　　）。

　　A．不确定的　　　　　　　　　　　　B．确定的

　　C．取决于磁场的强弱　　　　　　　　D．取决于铁芯的结构

35．变压器的外特性与负载的大小和性质有关，若变压器的负载是电容性的，那么随着该负载的增大，其端电压将（　　）。

　　A．不变　　　　　　　　　　　　　　B．上升

　　C．下降较小　　　　　　　　　　　　D．下降较多

36．若将变压器的 50Hz、380V 的交流电源换成 100Hz、380V 的交流电源，则变压器铁芯中的磁通量将（　　）。

　　A．增加　　　　　　　　　　　　　　B．减小

　　C．不变　　　　　　　　　　　　　　D．先增加，后减小

37. 自耦变压器在接电源之前，应把自耦变压器的手柄调到（　　）。

　　A．最大位置　　　　B．中间位置

　　C．零位置　　　　　D．哪个位置都行

38. 有一台三相发电机，其绕组为星形联结，每相额定电压为 220V，并在一次实验中，用电压表测得相电压 $U_U=0V$，$U_V=U_W=220V$，而线电压 $U_{UV}=U_{WU}=220V$，$U_{VW}=380V$，造成这种现象的原因是（　　）。

　　A．V 相断路　　　　B．U 相断路

　　C．W 相断路　　　　D．U 相接反

39. 三角形联结的三相电动机误接为星形联结使用，在拖动负载不变的情况下其温升和铜损（　　）。

　　A．不变　　　　　　B．减小

　　C．增加且三相电动机发热严重　　　　D．无影响

40. 三相异步电动机产生的电磁转矩是由于（　　）。

　　A．定子磁场与定子电流的相互作用

　　B．转子磁场与转子电流的相互作用

　　C．旋转磁场与转子电流的相互作用

　　D．转子磁场与定子电流的相互作用

41. 若三相电源的线电压为 380V，三相异步电动机定子绕组额定电压为 220V，则应采用（　　）。

　　A．三角形联结　　　　　　B．星形联结

　　C．先星形联结，再三角形联结　　　　D．先三角形联结，后星形联结

42. 有一型号为 FX2N-60MR 的 PLC，输入点数为 36 点，则最大输出地址编号为（　　）。

　　A．Y024　　　B．Y027　　　C．Y028　　　D．Y023

43. 关于选择顺序功能图说法错误的是（　　）。

　　A．选择顺序用单水平线表示

　　B．选择顺序是指在一步后有若干个单一顺序等待选择，而一次仅能选择一个单一顺序

　　C．选择顺序的转换条件应标注在双水平线以内

　　D．选择顺序的转换条件应标注在单水平线以内

44. 在 PLC 中，执行完（　　）指令后，母线将右移。

　　A．MC　　　B．PLS　　　C．MPP　　　D．SET

45. 在 PLC 中，不允许 STL 指令连续使用超过（　　）次。

　　A．6　　　B．8　　　C．11　　　D．15

46. 在 PLC 中，线圈驱动指令 OUT 不能驱动下面（　　）软元件。

　　A．Y　　　B．X　　　C．T　　　D．C

47. 在 FX2N 系列 PLC 中，最常用的两种常数是 K 和 H，其中 K 表示的是（　　）。

　　A．二进制数　　　　　　B．八进制数

　　C．十六进制数　　　　　D．十进制数

48. 在 PLC 中，状态器 S 用于回零状态的是（　　）。

　　A．S0～S9　　　　　　B．S20～S29

　　C．S10～S19　　　　　　D．S0～S19

49. 关于 FR-E740 变频器的主电路接线，说法正确的是（　　）。

　　A．电源线必须接至输出端子　　　　B．电源线必须接至输入端子

　　C．接线时必须考虑电源相序　　　　D．变频器无须接地

50. 对电动机从基本频率向上的变频调速属于（　　）调速。

　　A．恒转矩　　　　　　B．恒功率

　　C．恒磁通　　　　　　D．恒转差率

卷二（非选择题，共 100 分）

二、简答作图题（本大题共 10 个小题，每小题为 5 分，共 50 分）

1. 根据如图所示的滑动轴承，回答下列问题。

（1）该滑动轴承属于哪种轴承？

（2）该滑动轴承应用于什么场合？

（3）1 处所指的小孔有什么作用？

（4）2 处所指的零件名称是什么？有何作用？

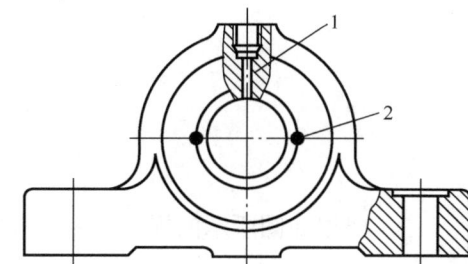

2. 如图所示为自卸货车翻斗机构，液压缸柱塞外伸，推动 AB 杆转动，从而使车斗倾斜，将货物卸下，杆长 L_{AB}=27cm，L_{BC}=41cm，L_{CD}=61cm，L_{AD}=71cm，请问：

（1）机构 ABCD 和机构 AEF 的名称是什么？

（2）机构 ABCD 在工作中有无死点位置？

（3）两个四杆机构共有几个低副？

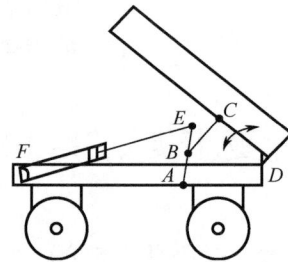

3. 根据如图所示的视图，将三视图补画完整。

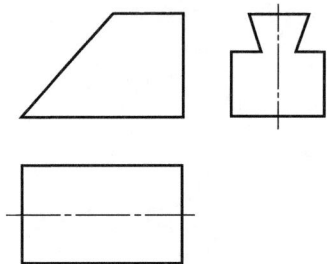

4. 根据如图所示的主、俯视图，画出半剖左视图。

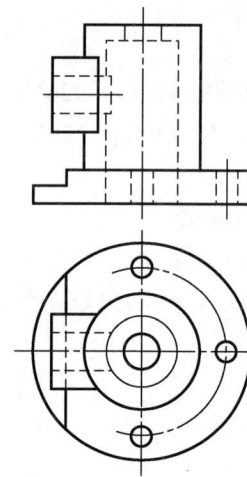

5. 看懂如图所示的内、外螺纹，按 1:1 比例画出内、外螺纹连接图，要求旋合长度为 45mm，且螺杆在左侧，完成后标出总长尺寸。

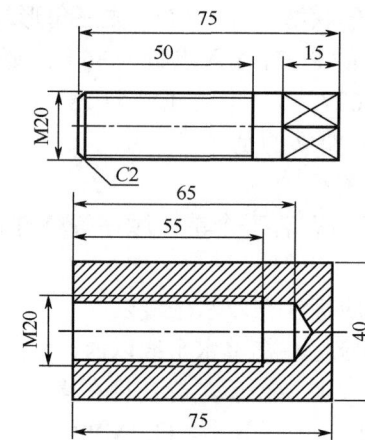

6. 如图所示，节能灯泡的额定电压为 10V，额定功率为 5W，电源为蓄电池组，每节蓄电池电压为 2V，完成下列问题。

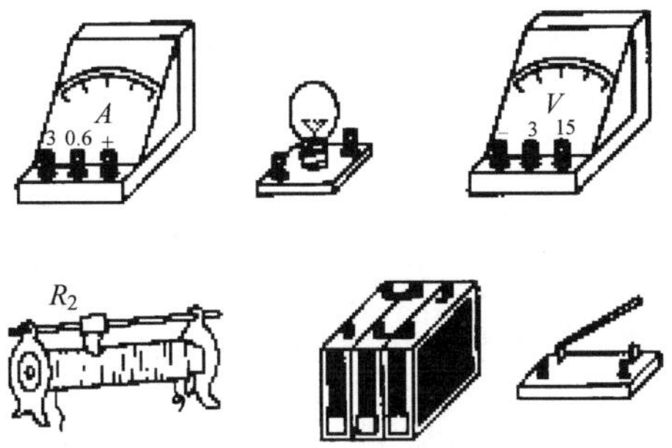

（1）将各元件连接成伏安法测灯泡电阻的电路，要求接线不能交叉且 RP 滑动触头右滑时灯泡变亮。

（2）当节能灯泡最亮时，其消耗的功率为多少？

7. 用示波器测得两组输入电压波形如图所示，X 轴增益旋钮置于"5ms/div"位置，Y 轴增益旋钮置于"5v/div"位置。

（1）计算 u_1 的频率 f_1、u_2 的有效值 U_2。

（2）分析说明 u_1 和 u_2 的相位关系。

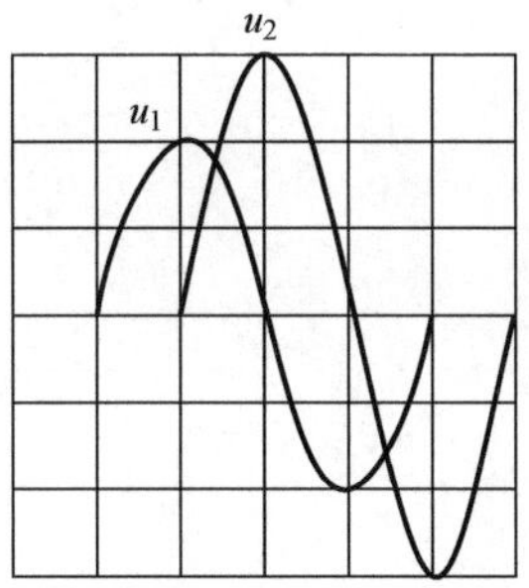

8. 如图所示为电动机启动时的电气原理图，请将其补画完整。

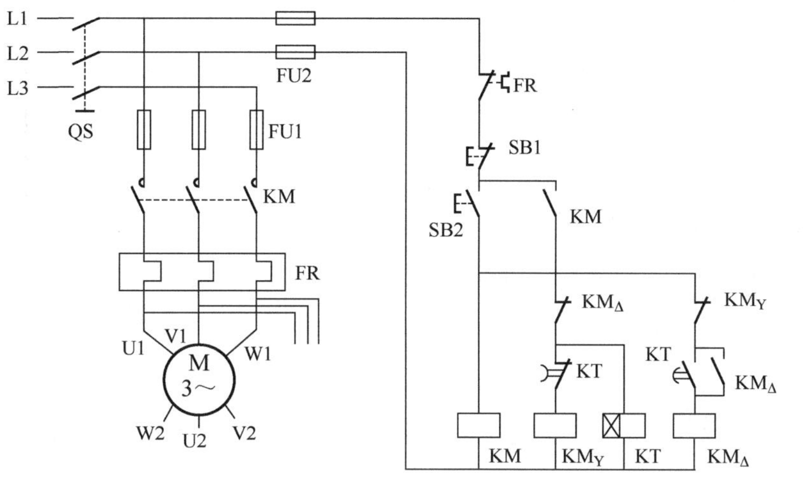

9. 在如图所示的长直导线中通有电流 I，ABCD 为矩形线圈，试确定下列情况下该线圈中的电流方向。

（1）矩形线圈以长直导线为轴旋转。

（2）矩形线圈以 AD 为轴旋转（初始 BC 边先向上转动）

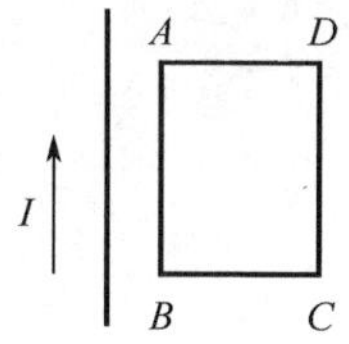

10. 如图所示，根据指令表，请将梯形图补画完整

```
0  LD    X000
1  MPS
2  AND   X001
3  OUT   Y001
4  MPP
5  LD    X002
6  OR    X003
7  ANB
8  OUT   Y002
9  END
```

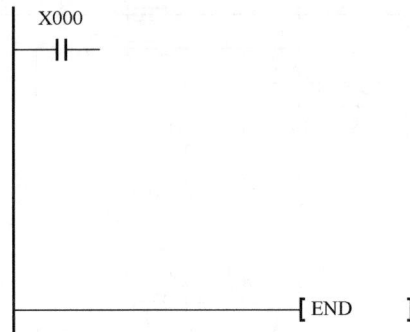

2. 如图所示，已知 $E_1=30V$，$E_2=10V$，$R_1=R_2=10\Omega$，无内阻电流表读数为 1A，试用戴维南定理求电阻 R_3 的电阻值及消耗功率。

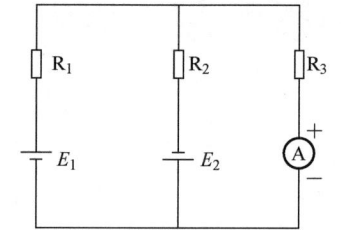

三、分析计算题（本大题共 4 个小题，第 1、第 2、第 3 小题均为 5 分，第 4 小题为 10 分，共 25 分）

1. 将 $L=0.05H$ 的线圈接到 $u=220\sqrt{2}\sin(100t+60°)$ 的交流电源上，完成下列问题。
（1）计算线圈的感抗。
（2）计算流过线圈的电流有效值 I。
（3）写出流过线圈的电流瞬时值表达式。
（4）计算线圈的无功功率。

3. 三相异步电动机铭牌数据如下：$P_N=10kW$，$U_N=380V$，$f_N=50Hz$，$n_N=1440r/min$，满载时的功率因数 $\cos\phi=0.81$，$\eta=80\%$，接法为△，求：
（1）电动机满载时的输入功率 P_1。
（2）损耗的功率 ΔP。
（3）额定电流 I_N。
（4）额定转矩 T_N。

4. 如图所示为一个手摇提动装置，其中各齿轮的齿数分别为 $z_1=20$，$z_2=50$，$z_3=30$，$z_4=60$，$z_5=1$，$z_6=60$，$z_7=40$，$z_8=80$，完成下列问题。

（1）计算传动比 i_{16}。

（2）当重物被提升时，操作者应按顺时针还是逆时针摇动手柄？

（3）当手柄以 n_1 为 30r/min 的转速提升重物时，重物的上升速度是多少（鼓轮直径 D 为 200mm）？

（4）齿轮 7 与齿轮 8 形成的运动副是高副还是低副？

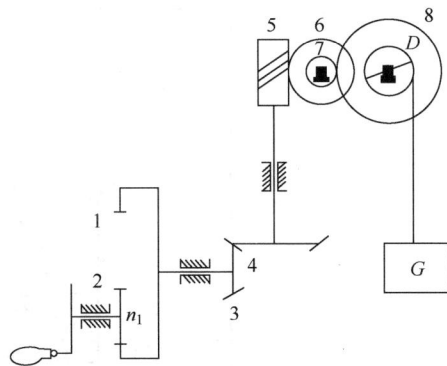

2.（本小题每空为 1 分，共 15 分）如图所示，图（a）为钻模装配图，图（b）为钻模体的零件图，请完成下列问题。

（1）钻模装配图由_____种零件组成，图中 150 是_____尺寸，ϕ14H7 是_____尺寸。

（2）在钻模装配图中，ϕ22H7/h6 表达的是件_____和件_____之间的配合尺寸，20H9 的最小极限尺寸为_____。

（3）在钻模体的零件图中，主视图 A—A 采用_____，剖视图 B—B 是_____剖切面剖切的全剖视图。

（4）在钻模体的零件图中，孔 $\frac{2\times\phi7}{\sqrt{\phi13\times90°}}$ 的定位尺寸为_____、_____。

（5）在钻模体的零件图中，精度要求最高的代号为_____。

（6） ⊥ $\phi0.02$ C 被测要素为_____，公差项目为_____，公差值为_____，基准要素为_____。

四、综合应用题（本大题共 2 个小题，第 1 小题为 10 分，第 2 小题为 15 分，共 25 分）

1. 有一个 "380/220V，丫/△" 的三相异步电动机，接在线电压为 220V 的三相对称电源上，采用丫－△降压启动。

（1）该电动机的启动电压为多大？如果每相阻抗为 100Ω，则其在启动时的线电流为多大？

（2）如果通过 PLC 的 MOV 指令实现该电动机的丫－△降压启动，请将如图所示的 I/O 接线图补充完整（该电动机启动 6s 后，完成丫－△降压启动）。

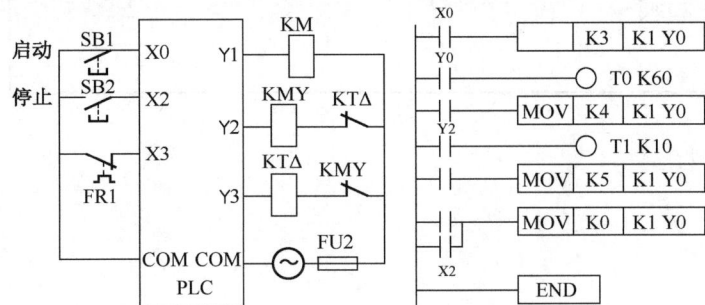

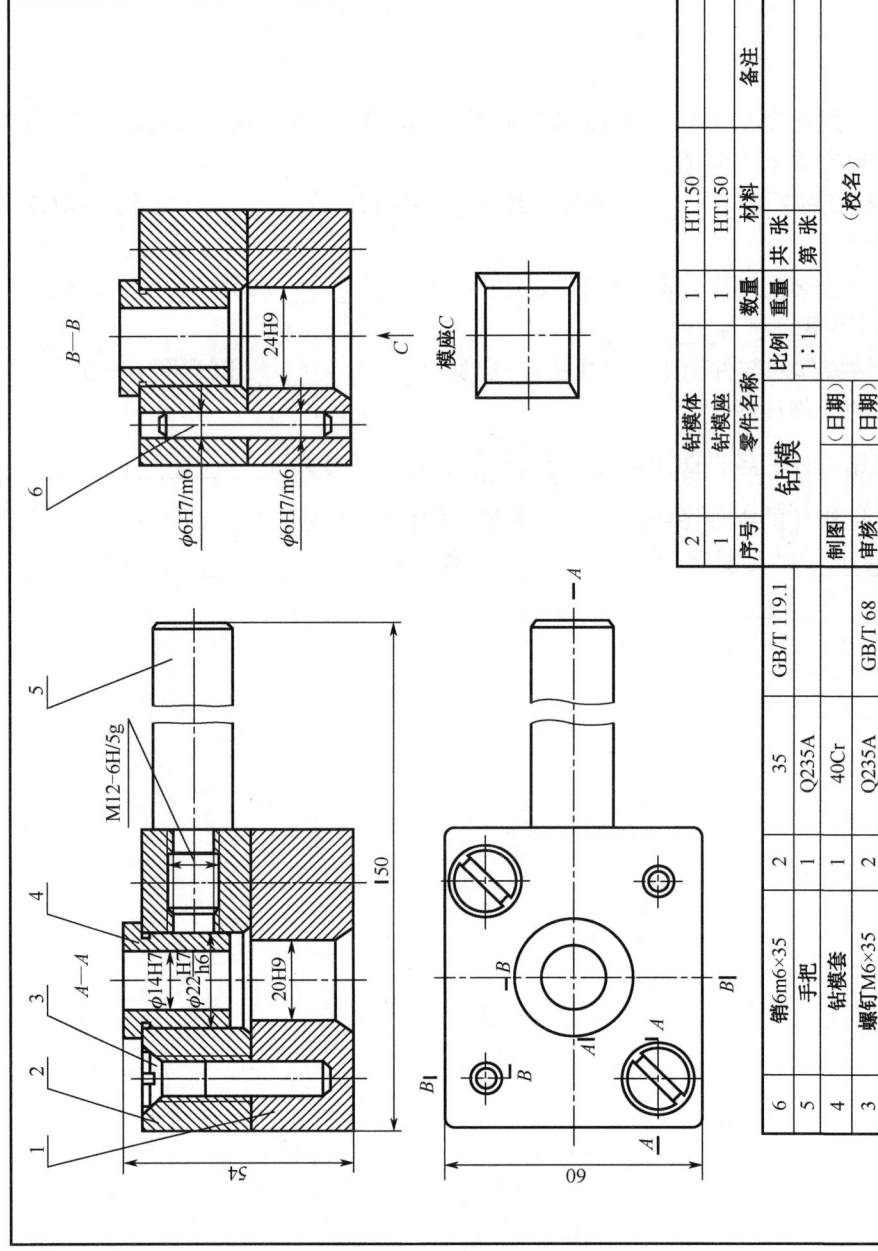

（a）钻模装配图

6	销6m6×35	2	35	GB/T 119.1
5	手把	1	Q235A	
4	钻模套	1	40Cr	
3	螺钉M6×35	2	Q235A	GB/T 68
2	钻模体	1	HT150	
1	钻模座	1	HT150	
序号	零件名称	数量	材料	备注

钻模　比例 1:1　共 张　第 张

制图　（日期）
审核　（日期）

（校名）

B—B
24H9
φ6H7/m6
φ6H7/m6
模座C

M12-6H/5g
A—A
φ14H7
φ22H7
φ22h6
20H9
150
54
60
B₁

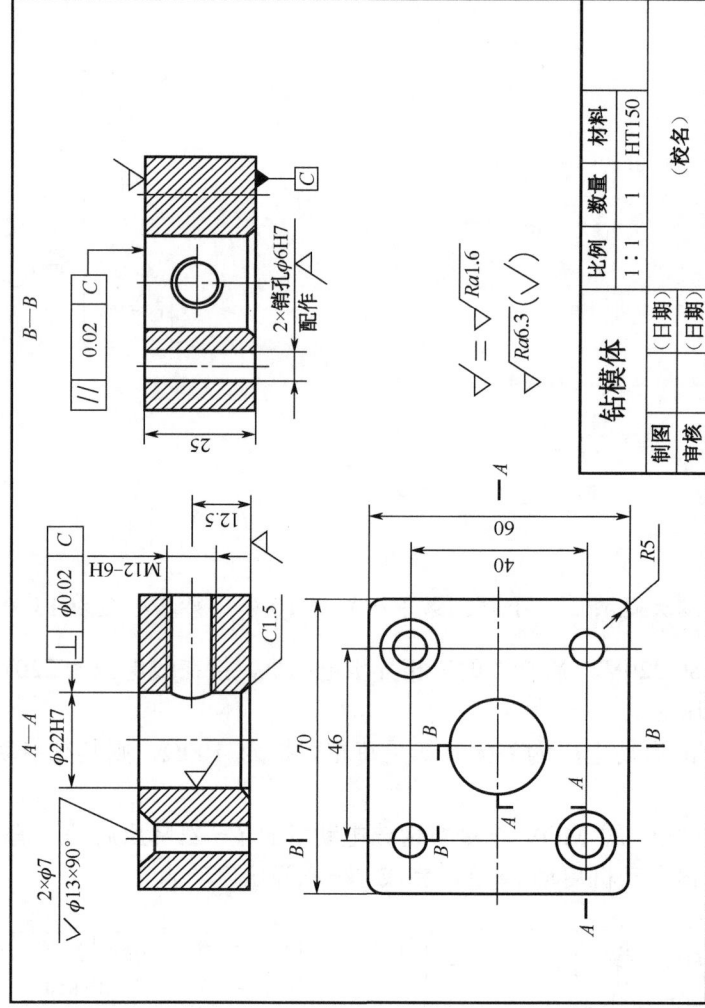

（b）钻模体的零件图

B—B
// 0.02 C
2×销孔φ6H7 配作
25

A—A
φ22H7
⊥ φ0.02 C
M12-6H
12.5
C1.5
2×φ7
φ13×90°
70
46
60
40
B₁
R5

⌀=√Ra1.6
√Ra6.3 (√)

钻模体　比例 1:1　数量 1　材料 HT150

制图　（日期）
审核　（日期）

（校名）

机电技术（五）

本试卷分卷一（选择题）和卷二（非选择题）两部分。满分为 200 分，考试时间为 120 分钟。考试结束后，请将本试卷和答题卡一并交回。

卷一（选择题，共 100 分）

一、选择题（本大题共 50 个小题，每小题为 2 分，共 100 分。在每小题列出的 4 个选项中，只有 1 个选项符合题目要求，请将符合题目要求的选项字母代号选出，并填涂在答题卡上）

1．下列说法不符合机械制图基本规定的是（　　）。
　　A．在尺寸标注时，角度的尺寸数字一律水平书写
　　B．在用尺规绘图时，图样中的汉字应书写成长仿宋体
　　C．在图纸的基本幅面中，最小的为 A4 幅面，最大的为 A0 幅面
　　D．A3 图纸的幅面尺寸是 210mm×297mm

2．如图所示的垫板，现已标注了 3 个尺寸，若要完整地标注尺寸，还要标注（　　）个。
　　A．2
　　B．3
　　C．4
　　D．5

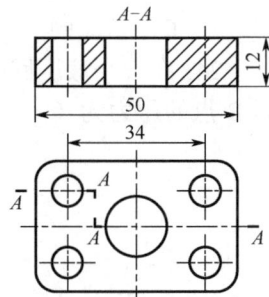

3．根据如图所示的三视图，下列判断直线同投影面的位置关系正确的是（　　）。
　　A．*ab* 是水平线，*bc* 是正平线，*cd* 是一般位置直线
　　B．*ab* 是一般位置直线，*bc* 是正平线，*cd* 是侧平线
　　C．*ab* 是一般位置直线，*bc* 是侧垂线，*cd* 是水平线
　　D．*ab* 是水平线，*bc* 是侧垂线，*cd* 是水平线

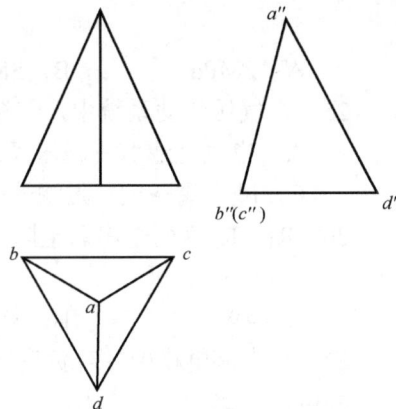

4．已知如图所示的物体正等轴测图，正确的左视图是（　　）。

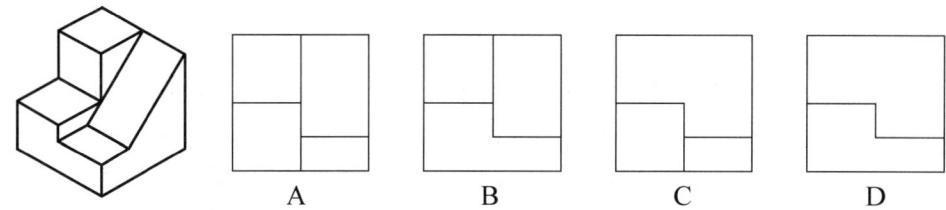

A　　　B　　　C　　　D

5．已知如图所示的物体主、左视图，正确的俯视图是（　　）。

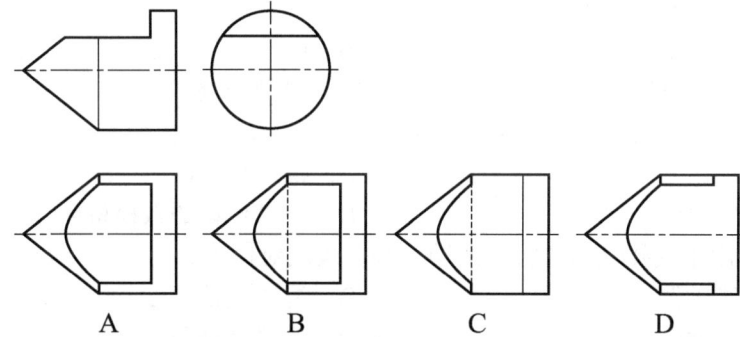

A　　　B　　　C　　　D

6．下列关于图线应用说法正确的是（　　）。
　　A．在断面图中，重合断面轮廓线应画成粗实线
　　B．在半剖视图中，剖视图与视图的分界线是细双点画线
　　C．图形的轮廓线是粗实线
　　D．在局部剖视图中，断裂边界线可以是双折线和波浪线

7．已知如图所示的物体主、俯视图，正确的半剖左视图（　　）。

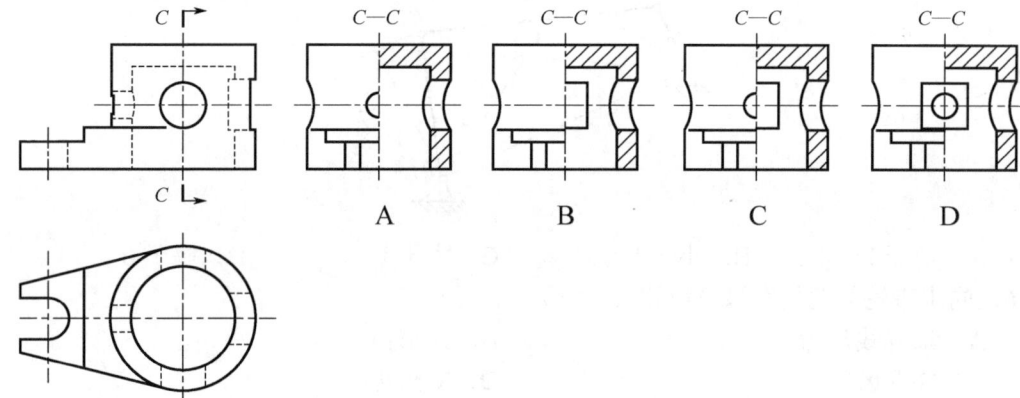

A　　　B　　　C　　　D

8．如图所示，螺孔尺寸标注最合理的是（　　）。

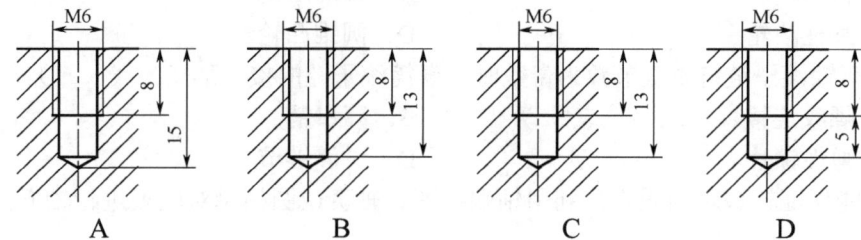

A　　　B　　　C　　　D

9. 在下列画法中，不符合机械图样特殊表示法的是（　　）。
　　A．在用全剖视图表达内、外螺纹旋合时，旋合部分的内螺纹画法与旋合前的内螺纹画法一致
　　B．在两直齿圆柱齿轮啮合的全剖视图中，啮合区内一个齿轮的齿顶线画成虚线
　　C．在螺纹紧固件的连画法中，当剖切平面通过螺杆的轴线时，螺栓按视图绘制
　　D．在普通平键连接的断面图中，键的顶面与轮毂键槽的底面画两条线

10. 在下列公差带代号中，可与基准孔 $\phi50H7$ 形成间隙配合的是（　　）。
　　A．$\phi50f7$　　　　B．$\phi50n7$　　　　C．$\phi50k7$　　　　D．$\phi50s7$

11. 用于轴端平键连接的是（　　）。
　　A．A 型普通平键　　　　　　　　B．B 型普通平键
　　C．C 型普通平键　　　　　　　　D．薄型平键

12. 在以下设备中，采用滚动螺旋传动的是（　　）。
　　A．台式虎钳　　　　　　　　B．螺旋起重器
　　C．螺旋压力机　　　　　　　D．精密传动的数控机床

13. （　　）用于连接夹角较大的两轴，且一般成对使用。
　　A．刚性联轴器　　　　　　　　B．滑块联轴器
　　C．万向联轴器　　　　　　　　D．齿式联轴器

14. 在单缸内燃机中，活塞与连杆之间的连接属于（　　）。
　　A．移动副　　　　　　　　B．转动副
　　C．螺旋副　　　　　　　　D．凸轮副

15. 在如图所示的曲柄摇杆机构中，C_1D 与 C_2D 是摇杆 CD 的极限位置，C_1、C_2 连线通过曲柄转动中心 A，该机构的行程速度变化系数 K（　　）。

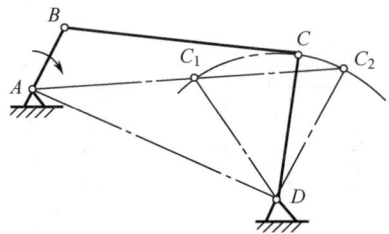

　　A．等于1　　　B．小于1　　　C．大于1　　　D．等于0

16. 同步带轮的轮齿有弧形齿和（　　）。
　　A．渐开线形齿　　　　　　　　B．矩形齿
　　C．梯形齿　　　　　　　　　　D．V 形齿

17. 机床刀架直线进给凸轮机构应用了（　　）。
　　A．盘形凸轮　　　　　　　　B．移动凸轮
　　C．圆柱凸轮　　　　　　　　D．圆锥凸轮

18. 当套筒滚子链链条链节数为奇数时，套筒滚子链的接头形式为（　　）。
　　A．螺纹连接　　　　　　　　B．开口销
　　C．弹性锁片　　　　　　　　D．过渡链节

19. 为能保证轮毂轴向固定，利用轴端挡圈、轴套或圆螺母对轮毂进行轴向固定时，安装轮毂的轴头长度与轮毂宽度的关系是（　　）。
　　A．轮毂宽度与轴头长度相等　　　　B．轴头长度略长于轮毂宽度
　　C．轴头长度略短于轮毂宽度　　　　D．无要求的

20. 有一个齿轮，已知 $s=7.85mm$，$d=195mm$，则可以把该齿轮做成（　　）。

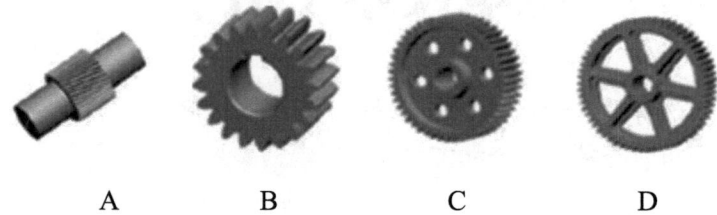

　　A　　　　　B　　　　　C　　　　　D

21. 滑动轴承在安装及使用时应保证（　　）。
　　A．轴颈在轴承孔内转动灵活、平稳
　　B．轴瓦与轴承座孔保持一定间隙
　　C．轴瓦温度保持在 90℃ 为宜
　　D．油路与油槽不接通

22. 在气压传动中，一个空压站输出的压缩空气要供给多台气动设备使用，应当选择（　　）来调节各路的压力。
　　A．调压阀　　　B．顺序阀　　　C．流量阀　　　D．安全阀

23. 能使单出杆活塞式液压缸实现快进、工进、快退的液压元件是（　　）。
　　A．溢流阀　　　　　　　　B．P 型滑阀机能的三位换向阀
　　C．节流阀　　　　　　　　D．M 型滑阀机能的三位换向阀

24. 在一个液压回路中，各阀的调定压力如图所示。在活塞运动时，若负载压力为2MPa，则 B 点的压力为（　　）。

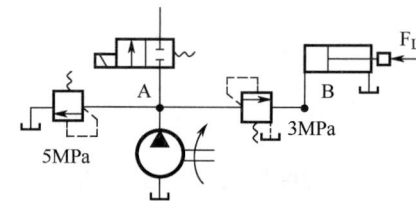

　　A．2MPa　　　B．3MPa　　　C．5MPa　　　D．7MPa

25. 在气压传动系统中，气源三联件安装的位置顺序是（　　）。
　　A．空气过滤器→减压阀→油雾器　　B．空气过滤器→油雾器→减压阀
　　C．减压阀→空气过滤器→油雾器　　D．减压阀→油雾器→空气过滤器

26. R_1、R_2 为两个串联电阻，已知 $R_1=4R_2$，若 R_1 消耗的功率为 16W，则 R_2 消耗的功率为（　　）。
　　A．4W　　　B．8W　　　C．16W　　　D．32W

27. 在直流电路中，若负载电阻增大到原来电阻的 2 倍，电流变为原来的 3/5，则该电路内、外电阻之比为（　　）。
　　A．1:2　　　B．2:1　　　C．3:5　　　D．5:3

28. 如图所示，当开关 S 断开时，A 点的电位是（　　）。
　　A．0V　　　B．3V　　　C．8V　　　D．15V

A．把二次绕组接成开口三角形，测量开口处有无电压

B．把二次绕组接成闭合三角形，测量其中有无电流

C．把二次绕组接成开口三角形，测量其中有无电流

D．把二次绕组接成闭合三角形，测量一次空载电流的大小

38．决定电流互感器一次电流大小的因素是（　　）。

 A．二次侧所接负载的大小   B．变流比

 C．被测电路   D．二次电流

39．三相电源的线电压为 380V，三相异步电动机定子绕组额定电压为 220V，则应采用（　　）。

 A．三角形联结   B．星形联结

 C．先星形联结，再三角形联结 D．先三角形联结，后星形联结

40．直流电动机的磁路由（　　）组成。

 A．定转子铁芯、机座   B．机座

 C．定转子铁芯、气隙   D．定转子铁芯、机座、气隙

41．当用绝缘电阻表测量绝缘电阻时，应均匀摇动（　　）。

 A．1min B．30s C．20s D．5min

42．在 PLC 的接线方式中，若多个输入端共同使用一个公开端和一个公共电源，则此接线方式为（　　）。

 A．分隔式接线方式   B．汇点式接线方式

 C．公共式接线方式   D．分段式接线方式

43．在梯形图编程中，表明在某一步上不做任何操作的指令是（　　）。

 A．PLS B．SET C．NOP D．MCR

44．能直接驱动负载动作的继电器是（　　）。

 A．输入继电器   B．输出继电器

 C．寄存器   D．编程器

45．对于与主控触点相连接的触点，必须用（　　）指令。

 A．AND、ANI   B．LD、LDI

 C．AND、ANB   D．LD、ANB

46．用于初始步的状态继电器是（　　）。

 A．S0～S9 B．S10～S19 C．S20～S29 D．S30～S39

47．若一台 PLC 的型号为 FX2N-60MR，则此 PLC 的类型及输出形式为（　　）。

 A．小型，继电器输出   B．中型，晶闸管输出

 C．大型，晶体管输出   D．高档机，继电器输出

48．FX2N PLC 的初始化脉冲继电器是（　　）。

 A．M8000 B．M8001 C．M8002 D．M8012

49．当变频器的面板上 EXT 和 PU 指示灯都亮时，变频器的操作模式是（　　）。

 A．PU 操作模式 B．组合操作模式 C．外部操作模式 D．通信操作模式

50．变频器种类很多，其中按滤波方式可分为电压型和（　　）型。

 A．电流 B．电阻 C．电感 D．电容

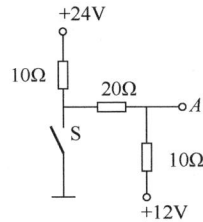

29．如图所示，R_1、R_2、R_3 消耗的功率之比为 1:2:3，则 $R_1:R_2:R_3$ 为（　　）。

 A．1:2:3

 B．$1:\dfrac{1}{2}:\dfrac{1}{3}$

 C．3:2:1

 D．$\dfrac{1}{3}:\dfrac{1}{2}:1$

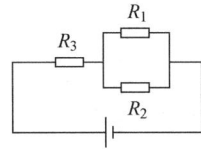

30．如图所示，A、B 是两个用细线悬着的闭合铝环，在闭合开关 S 的瞬间（　　）。

 A．A 环向右运动

 B．A 环向左运动

 C．A、B 环向右运动

 D．A、B 环向左运动

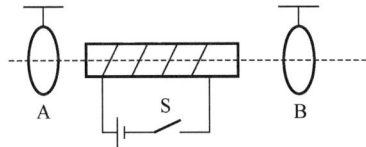

31．若均匀磁场垂直穿过一个矩形线圈，则当矩形线圈在磁场中平移但不离开磁场时，矩形线圈中将（　　）。

 A．产生感应电动势   B．产生感应电流

 C．无电磁感应现象   D．无法确定以上情况

32．若两个正弦量的表达式分别为 $u_1=36\sin(314t+120°)$，$u_2=36\sin(628t+30°)$，则（　　）。

 A．u_1 比 u_2 的相位超前 90° B．u_2 比 u_1 的相位超前 90°

 C．不能判断 u_1 比 u_2 相位关系 D．u_1 比 u_2 同相

33．提高功率因数的目的是（　　）。

 A．节约用电，提高电动机的输出功率

 B．提高电动机的效率

 C．提高无功功率，降低电源的利用率

 D．降低无功功率，提高电源的利用率

34．在同一个三相电源上，将一个对称三相负载分别接成三角形和星形，则分别通过该负载的相电流之比为（　　）。

 A．1 B．3 C．$\sqrt{3}$ D．$3:\sqrt{3}$

35．当三相异步电机运行时，其输出功率取决于（　　）。

 A．定子电流   B．电源电压

 C．额定功率   D．轴上阻力转矩

36．有一个理想变压器，一次绕组匝数为 1100 匝，接在 220V 交流电源上，当它对 11 只并联的"40V，60W"的灯泡供电时，灯泡正常发光，则此时变压器的一次电流为（　　）。

 A．30A B．16.5A C．3A D．1.5A

37．当变压器二次绕组为三角形联结时，为了防止发生一相接反的事故，正确的测试方法是（　　）。

卷二（非选择题，共 100 分）

二、简答作图题（本大题共 10 个小题，每小题为 5 分，共 50 分）

1．如图所示为某机床上带动溜板 2 在导轨 3 上移动的微螺旋机构，其中螺杆 1 上有两段旋向均为右旋的螺纹，A 段的导程 P_{h1}=2mm，B 段的导程 P_{h2}=0.75mm，请问：

（1）该螺旋传动按用途属于何种螺旋？名称叫什么？

（2）当手轮按 K 向顺时针转动一周时，溜板 2 相对于导轨 3 向何方向移动？移动距离是多少？

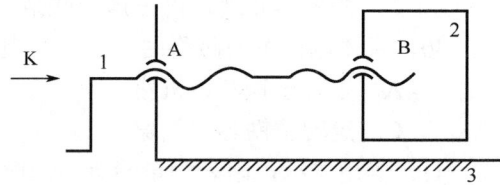

2．如图所示为 V 带传动的张紧装置，带轮安装在电动机输出轴的端部，请问：

（1）该 V 带传动的张紧采用哪种方法？

（2）此装置中对 V 带起张紧作用的是哪个零件？

（3）带轮应该制作成哪种结构形式？

（4）电动机输出轴与带轮之间依靠哪种平键连接实现周向固定？

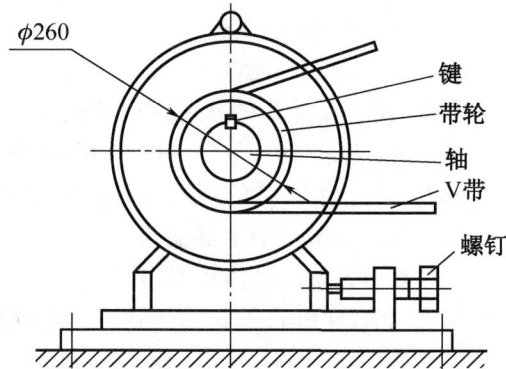

3．根据如图所示的三视图，绘制正等轴测图。

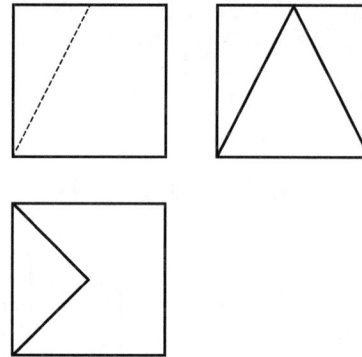

4．根据如图所示的主、俯视图，绘制左视图。

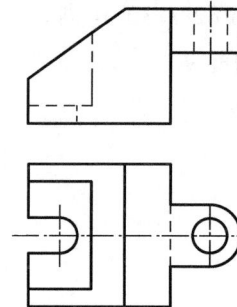

5．根据如图所示的两视图，在指定位置画出 A 向、B 向局部视图。

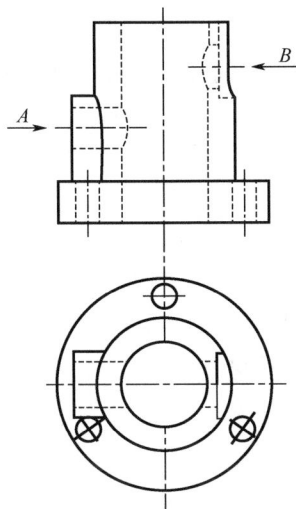

6．如图所示为单相正弦交流电的波形图，其频率为 50Hz，完成下列问题。

（1）写出单相交流电压 u_1 的瞬间表达式。

（2）画出 u_1 和 u_2 的矢量图。

（3）在相位上，u_1 和 u_2 哪个是超前的？相位差是多少？

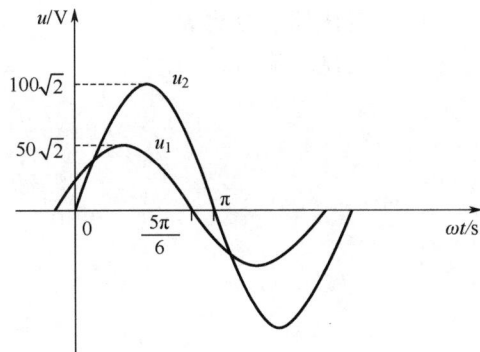

7．如图所示，处于磁场中的水平金属导轨通过电位器 RP 与变压器一次绕组相连，导体 MN 放在与变压器二次绕组相连的水平金属导轨上，若金属棒 CD 和电位器 RP 的滑动触头均向右匀速滑动，请确定：

（1）金属棒 CD 产生的感应电动势方向。

（2）导体 MN 的电流方向。

（3）导体 MN 的受力方向。

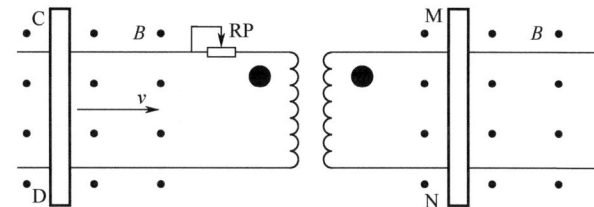

8．在如图所示的梯形图中，请找出错误之处。

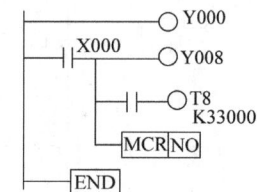

9. 如图所示，当 RP 的滑动触头向左滑动时，该电路中各电表的示数如何变化？

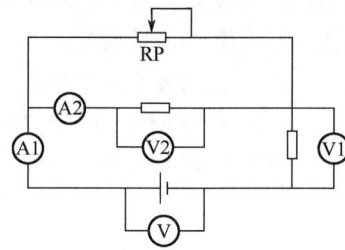

10. 根据如图（a）所示的三相异步电动机正反转电气原理图，请将图（b）的模拟实物接线图补画完整。

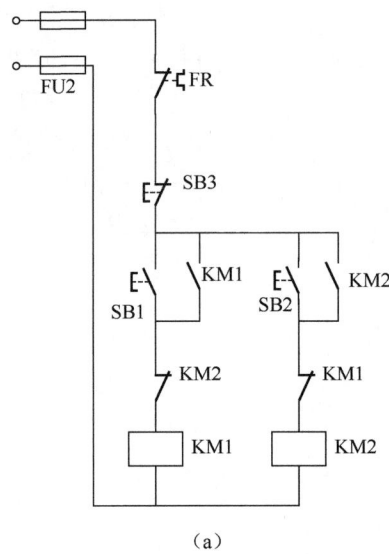

（a）

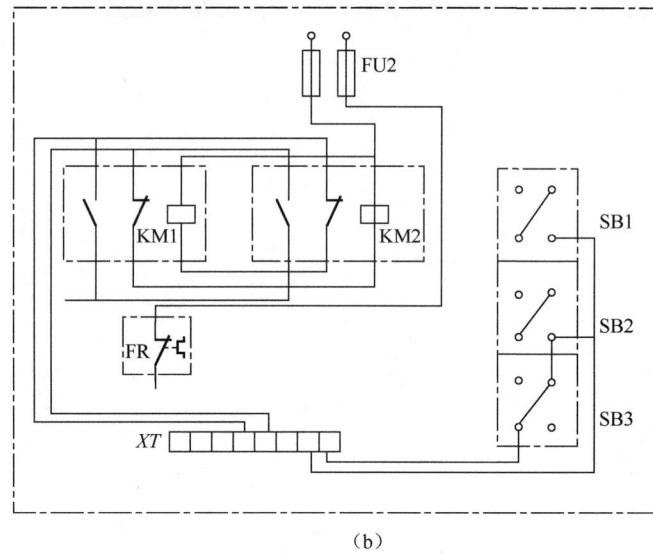

（b）

三、分析计算题（本大题共 4 个小题，第 1、第 2、第 3 小题均为 5 分，第 4 小题为 10 分，共 25 分）

1. 如图所示，已知电容 C 为 0.12μF，输入正弦电压频率 f 为 100Hz，电压有效值为 1V，要使输出电压 u_0 滞后输入电压 u_1 60°，请问：

（1）电阻 R 应为多少？

（2）输出电压有效值是多少？

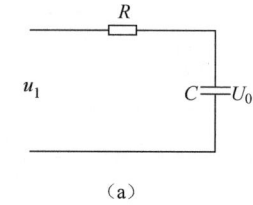

（a）

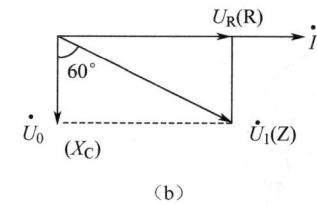

（b）

2. 如图所示，信号源的电压 U_S 为 1.6V，内阻 R_0 为 800Ω，负载阻抗 R_L 为 8Ω，当阻抗匹配时，求：

（1）变压器的变比 K。

（2）一次电流 I_1。

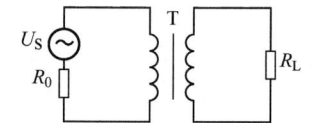

3．有一个理想变压器，额定容量 S_N 为 2.2kV·A，一次绕组匝数 N_1 为 1000 匝，一次侧接 220V 交流电源，测得二次电压 U_2 为 22V，负载电阻 R_L 为 11Ω，求：

（1）二次绕组匝数 N_2。

（2）一次电流 I_1。

（3）一次额定电流。

4．在如图所示的传动装置中，电动机转速 n_1=960 r/min，D_1=100 mm，D_2=200 mm，三联滑移齿轮 A、B、C 和齿轮 4、5、6 为模数相等的标准直齿圆柱齿轮，齿轮 7、8 为斜齿轮，$z_A=z_5$=30，z_4=50，z_6=40，$z_7=z_{11}=z_{12}$=25，z_8=50，z_9=1，z_{10}=40。

（1）求齿数 z_B 和 z_C。

（2）滑块 14 可以有几种速度？

（3）蜗杆 9 与斜齿轮 8 之间的轴应采用_____轴承（填 "5120" 或 "6210" 或 "7210"）。

（4）图示瞬间，件 14 的移动方向如何？

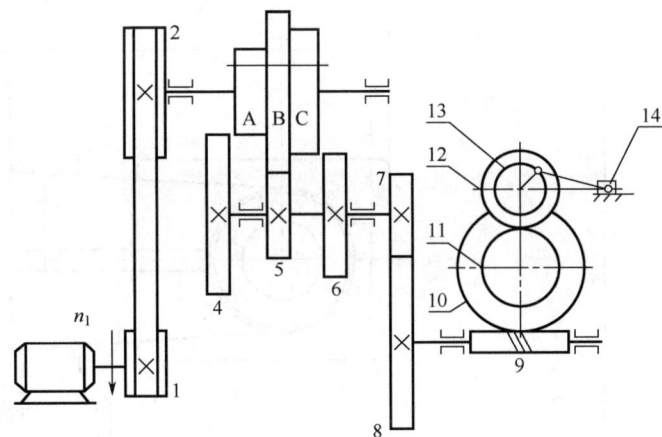

四、综合应用题（本大题共 2 个小题，第 1 小题为 10 分，第 2 小题为 15 分，共 25 分）

1．如图所示为 FR-E740 变频器控制接线图，现通过按钮实现启动、停止电动机，用 PU 模式设定运行频率，试回答下列问题。

（1）请将该接线图补画完整。

（2）模式选择的 Pr.79 参数应设定为多少？

（3）电动机正转启动如何实现？

（4）当按下 SB4 调速时，应调节变频器的哪个参数？

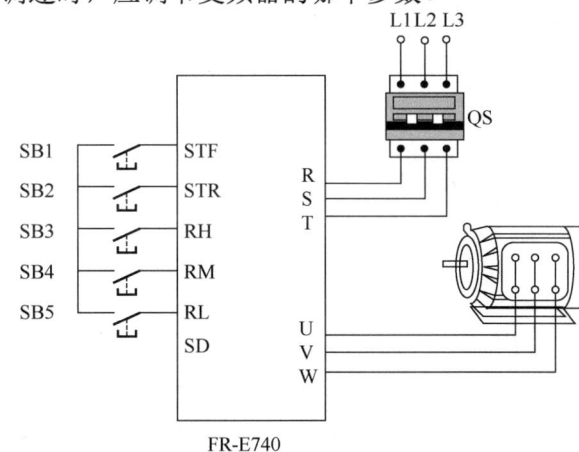

FR-E740

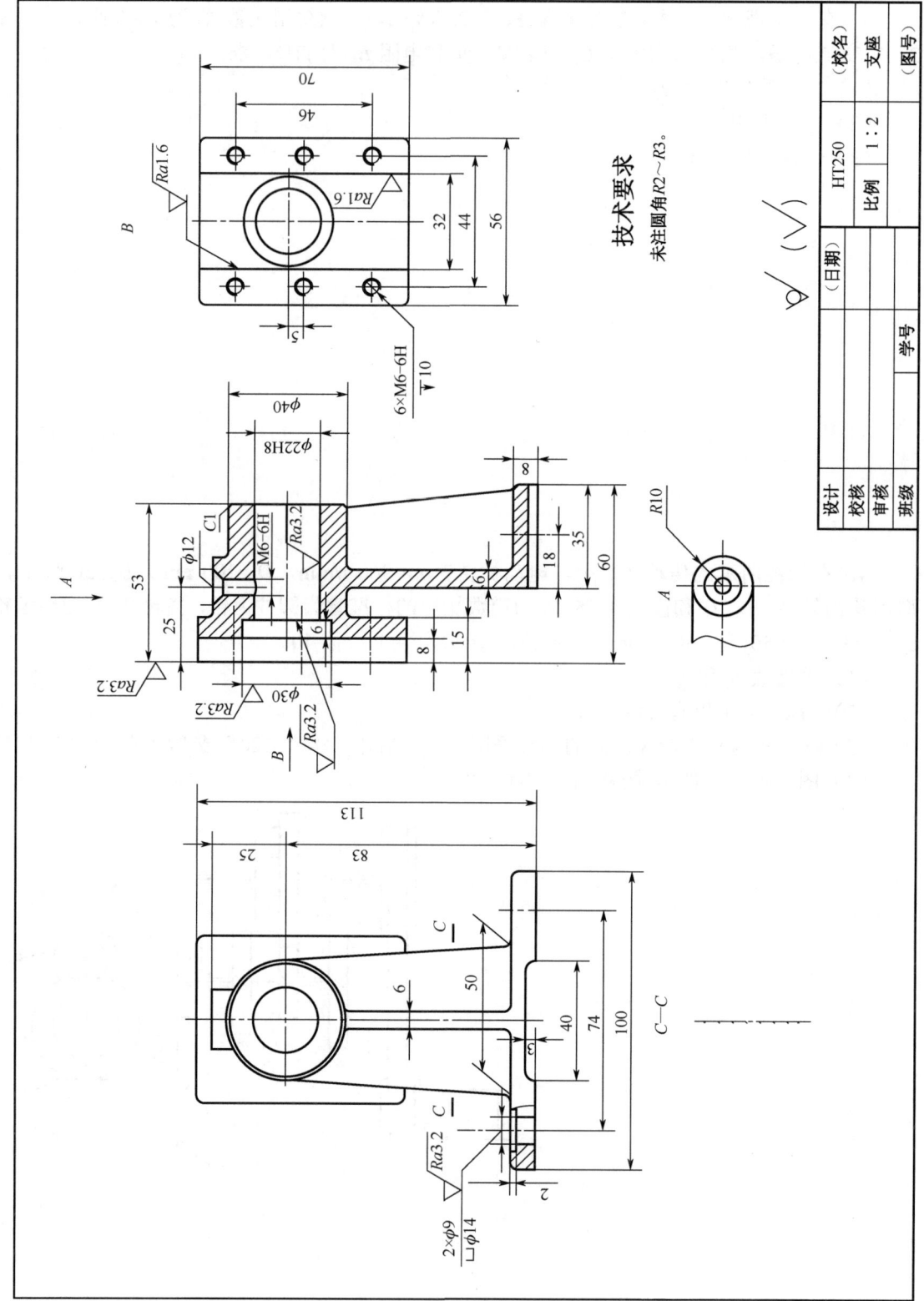

2. （本小题每空为 1 分，共 15 分）根据如图所示的给支座零件图，回答下列问题。

（1）该支座零件图由_____主视图、_____左视图、_____*A* 向视图和_____*B* 向视图组成。

（2）底板上槽的长度为_____mm，宽度为_____mm，高度为_____mm。

（3）零件上加工表面粗糙度要求最高的表面有_____处。

（4）6×M6–6H 的定位尺寸是_____。

（5）*φ*14 锪孔的深度是_____mm。

（6）在图上指定位置画出 *C*–*C* 移出断面图。

技术要求

未注圆角R2～R3。

职教高考模拟试卷

机电技术（六）

本试卷分卷一（选择题）和卷二（非选择题）两部分。满分为 200 分，考试时间为 120 分钟。考试结束后，请将本试卷和答题卡一并交回。

卷一（选择题，共 100 分）

一、选择题（本大题共 50 个小题，每小题为 2 分，共 100 分。在每小题列出的 4 个选项中，只有 1 个选项符合题目要求，请将符合题目要求的选项字母代号选出，并填涂在答题卡上）

1. 在机械制图中，关于线型的应用叙述正确的是（　　）。

    A．轮廓线用粗实线，尺寸线用细实线

    B．剖面线均用 45°或 135°的细实线

    C．断裂处的边界线可以用双折线

    D．轴线及对称中心线用细实线

2. 关于尺寸标注说法正确的是（　　）。

    A．尺寸数字允许被粗实线通过

    B．图样中所注尺寸为该图样所示机件的每一道工序的尺寸

    C．尺寸角度的数字一律写成水平方向

    D．应将线性尺寸数字注写在尺寸线的上方，而不允许将其注写在尺寸线的中断处

3. 关于 A、B、C、D 四点空间位置描述正确的是（　　）。

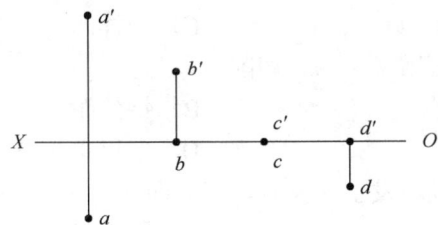

    A．A 点在 H 面　　　　　　　　B．B 点在 W 面

    C．C 点在 X 轴　　　　　　　　D．D 点在 Y 轴

4. 关于轴测图说法正确的是（　　）。

    A．轴测图也是视图

    B．轴测图是用中心投影法绘制的

    C．空间互相平行的线段，在同一轴测投影中一定互相平行

    D．在画正面有较多圆的机件轴测图时，适合用正等轴测图绘制

5. 如图所示，正确的左视图是（　　）。

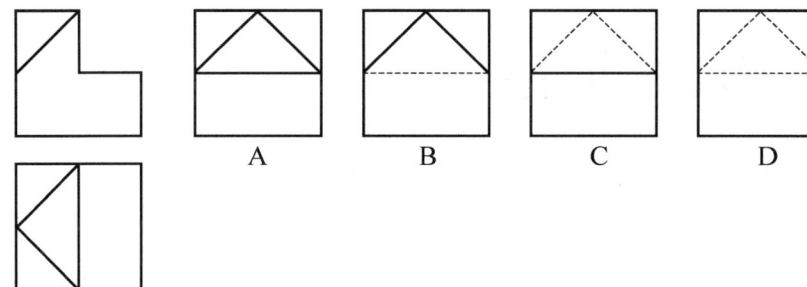

    A   B   C   D

6. 如图所示，正确的 A 向斜视图是（　　）。

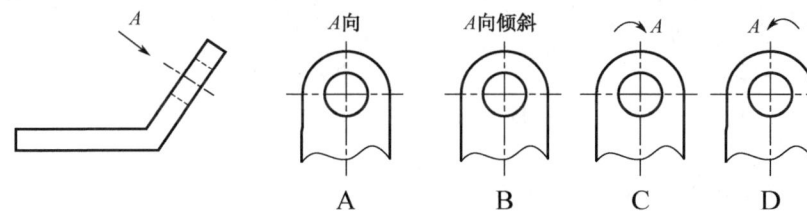

    A   B   C   D

7. 如图所示，选出正确的全剖主视图是（　　）。

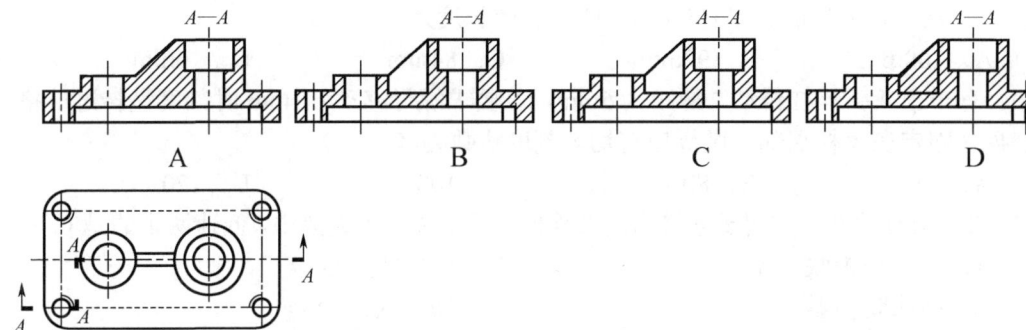

    A   B   C   D

8. 某图样的标题栏中的比例为"1:10"，该图样中有一个图形是局部剖剖切后单独画出的，且其上方标注了"1:2"，则该图形（　　）。

    A．因采用缩小比例 1:2 画出，所以不是局部放大图

    B．是采用剖视图画出的局部放大图

    C．既不是局部放大图，也不是剖视图

    D．不是局部放大图，而是采用缩小比例画出的局部剖视图

9. 如图所示，移出断面图画法正确的是（　　）。

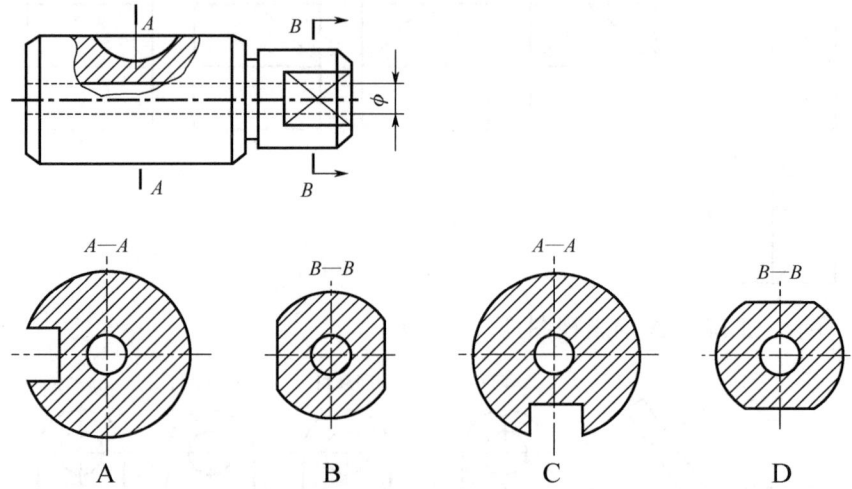

A　　　　　B　　　　　C　　　　　D

10. "$\forall$" 符号表示用（　　）方法获得表面。
　　A. 去除材料　　　　　　　　B. 不去除材料
　　C. 车削　　　　　　　　　　D. 铣削

11. 键 16×10×100GB/T 1096－2003 的有效长度是（　　）。
　　A. 100mm　　B. 92mm　　C. 84mm　　D. 16mm.

12. 有一个双头丝杠传动，螺距为 5mm，若要求螺母移动 0.1mm 时刻度盘转过一格，则此刻度盘（固定在丝杠端部）圆周应有均匀刻度线数为（　　）。
　　A. 50　　　　B. 80　　　　C. 100　　　　D. 120

13. 在实际生产中，常用于连接启动及换向频繁、转矩较大的中、低速两轴的是（　　）。
　　A. 弹性柱销联轴器　　　　　B. 摩擦式离合器
　　C. 凸缘联轴器　　　　　　　D. 嵌台式离台器

14. 在单缸内燃机中，活塞与缸筒之间的连接属于（　　）。
　　A. 转动副　　　　　　　　　B. 移动副
　　C. 螺旋副　　　　　　　　　D. 高副

15. 如图所示的装料机，由构件 AB、BC、CD 和 AD 组成（　　）。

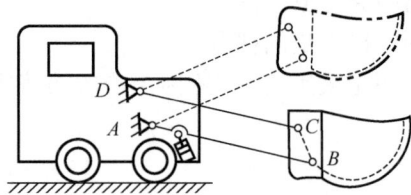

　　A. 曲柄摇杆机构　　　　　　B. 双摇杆机构
　　C. 平行四边形机构　　　　　D. 摆动导杆机构

16. 下列带轮的直径尺寸与如图所示的带轮结构相符的是（　　）。
　　A. 50mm　　　　　　　　　B. 10mm
　　C. 300mm　　　　　　　　D. 500mm

17. 关于 V 带传动说法正确的是（　　）。
　　A. 当中心距能够调整时，为了不对 V 带产生附加载荷，优先选用调整中心距张紧
　　B. 若采用张紧轮张紧，尽量将张紧轮放在 V 带松边外侧
　　C. 为了节约成本，新、旧 V 带可以同组使用
　　D. 与链传动相比，V 带传动作用于轴上的压力小

18. 自行车大、小链轮的齿数分别是 50 和 30，若大链轮转 3 圈，则小链轮应转（　　）。
　　A. 5 圈　　　　B. 1.8 圈　　　　C. 3 圈　　　　D. 1 圈

19. 在生产中，应用于高速、大功率齿轮传动的是（　　）。
　　A. 直齿圆柱齿轮　　　　　　B. 斜齿圆柱齿轮
　　C. 直齿圆锥齿轮　　　　　　D. 人字形齿轮

20. 下列各轴是传动轴的是（　　）。
　　A. 带轮轴　　　　　　　　　B. 蜗轮轴
　　C. 链轮轴　　　　　　　　　D. 汽车变速器与后桥之间的轴

21. 代号分别为 31708、31208、31308 的滚动轴承不同的是（　　）。
　　A. 外径　　　B. 内径　　　C. 类型　　　D. 精度

22. 在如图所示的气动元件符号中，表示油雾器的是（　　）。

A　　　　　　B　　　　　　C　　　　　　D

23. 在液压系统中，若要实现远程调压，则应在先导型溢流阀的远程控制口上接上一个（　　）。
　　A. 减压阀　　B. 溢流阀　　C. 单向阀　　D. 二位二通换向阀

24. 顺序阀阀口在常态下通常是（　　）的。
　　A. 打开　　　B. 关闭　　　C. 半开半闭　　　D. 视情况而定

25. 液控单向阀锁紧回路的锁紧效果比中位滑阀机能为 O 型的三位四通换向阀锁紧回路的锁紧效果（　　）。
　　A. 差　　　　B. 好　　　　C. 一样　　　　D. 不能确定

26. 塑料软线绝缘层不可用（　　）切削。
　　A. 电工刀　　　　　　　　　B. 钢丝钳
　　C. 剥线钳　　　　　　　　　D. 非以上工具

27. 当电气设备或电气线路发生火灾时，应立即（　　）。
　　A. 设置警告牌或遮拦　　　　B. 用水灭火
　　C. 切断电源　　　　　　　　D. 用沙灭火

28. 某色环电阻的电阻值为 3.9（1+10%）Ω，则其对应的色环颜色为（　　）。
　　A. 橙白黑金　　B. 橙白金金　　C. 橙白红银　　D. 橙白金银

29. 如图所示，节点和回路数分别是（　　）。
　　A. 3 和 3　　　　　　　　　B. 3 和 5
　　C. 4 和 5　　　　　　　　　D. 4 和 7

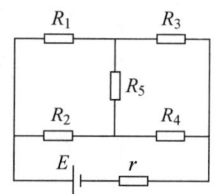

30. 关于电容器的充、放电说法正确的是（　　）。
    A. 在充、放电过程中，外电路有瞬间电流
    B. 在充、放电过程中，外电路有恒定电流
    C. 在充电过程中，电源提供的电能全部转化为内能
    D. 在放电过程中，电容器中的电压不变

31. 关于较大容量电容器的质量检测说法不正确的是（　　）。
    A. 用万用表的"×100"或"×1k"挡进行检测
    B. 指针向右偏转，最终稳定在"0Ω"位置，则说明电容器质量好
    C. 指针向右偏转一定的角度，并很快回到接近于起始位置的地方，则说明电容器质量好
    D. 该检测利用了电容器的充、放电现象

32. 在一个闭合线圈中，如果没有产生感应电流，则（　　）。
    A. 闭合线圈所在空间线圈所在空间一定无磁场
    B. 不能确定闭合线圈所在空间有无磁场
    C. 闭合线圈所在空间可能有磁场，且闭合线圈与磁场一定无相对运动
    D. 闭合线圈所在空间可能有磁场，但穿过闭合线圈的磁通量未变化

33. 两个同频率的正弦交流电 u_1、u_2 的有效值各为 12V 和 16V，若 u_1 加上 u_2 的有效值为 20V，那么 u_1 与 u_2 的相位差是（　　）。
    A. 0°　　　　　B. 180°　　　　　C. 90°　　　　　D. 45°

34. 在万用表中，反向非均匀的标尺是用来测量（　　）的。
    A. 电阻　　　　B. 电压　　　　C. 电流　　　　D. 电位

35. 已知变压器的变比为 10，二次绕组自身电阻为 0.5Ω，若将该变压器接上一个正常工作的"20V，100W"的电阻，且不考虑一次绕组及铁芯的损耗，则该变压器的效率是（　　）。
    A. 89%　　　　B. 87.5%　　　　C. 11.25%　　　　D. 11%

36. 当变压器二次侧所带的感性负载增加时，二次电压和一次电流的变化是（　　）。
    A. 二次电压降低，一次电流增大　　　　B. 二次电压降低，一次电流减小
    C. 二次电压升高，一次电流增大　　　　D. 二次电压升高，一次电流减小

37. 关于低压电器，下列说法正确的是（　　）。
    A. 熔断器在使用时，熔体的额定电流可大于熔管的额定电流
    B. 交流接触器在失电后，衔铁是靠自身重力复位的
    C. 热继电器既可用作过载保护又可用作短路保护
    D. 热继电器是利用双金属片受热弯曲而推动触点动作的一种保护电器

38. 为了使异步电动机能采用Y—△降压启动，那么异步电动机在正常运行时采用（　　）。
    A. Y联结　　　　　　　　　　　B. △联结
    C. 任何联结均可　　　　　　　　D. Y联结或△联结

39. 在Y联结的三相异步电动机运行过程中，若有一相电源断路，则气隙中产生的磁场为（　　）。
    A. 旋转磁场　　　B. 零　　　C. 脉动磁场　　　D. 均匀磁场

40. 为防止三相异步电动机正反转控制电路在接触器主触点熔焊时发生短相事故的常用连接方式是（　　）。

A. 按钮联锁　　　　　　　　　　B. 接触器联锁
C. 按钮、接触器双重联锁　　　　D. 接触器自锁

41. 单相单绕组异步电动机无法自行启动的原因是（　　）。
    A. 启动转矩小　　　　　　　　B. 气隙磁场为脉动磁场
    C. 功率因数低　　　　　　　　D. 电源电压太低

42. 家用空调广泛使用的单相异步电动机的类型是（　　）。
    A. 单相电阻启动异步电动机　　　　B. 单相电容启动异步电动机
    C. 单相电容运行异步电动机　　　　D. 单相电容启动与运行异步电动机

43. 关于 PLC 中的编程器，下列说法错误的是（　　）。
    A. 用于编程，即将用户程序送入 PLC 的存储器中
    B. 用于存放 PLC 内部系统的管理程序
    C. 用于进行程序的检查和修改
    D. 用于对 PLC 的工作状态进行监控

44. 在 PLC 中，若将输出信号从输出暂存器取出并送到输出锁存电路中，则对应的 PLC 工作阶段是（　　）。
    A. 初始化　　　　　　　　　　B. 处理输入信号
    C. 程序处理　　　　　　　　　　D. 输出处理

45. 在 PLC 中，M8000 继电器的名称为（　　）。
    A. 运行监视继电器　　　　　　B. 初始化脉冲继电器
    C. 100ms 时钟脉冲发生器　　　　D. 禁止全部输出继电器

46. 在 PLC 中，若使用主控指令 MC，且主控嵌套层数按照从小到大顺序使用，那么主控嵌套层数最多可达（　　）。
    A. 5　　　　　B. 6　　　　　C. 7　　　　　D. 8

47. 能直接驱动负载动作的继电器是（　　）。
    A. 输入继电器　　　　　　　　B. 输出继电器
    C. 寄存器　　　　　　　　　　D. 编程器

48. 在 PLC 中，若在栈指令后接并联电路块，则应该用（　　）。
    A. OUT　　　　　　　　　　　B. AND
    C. ANB　　　　　　　　　　　D. ORB

49. 三相异步电动机的转速除了与电源频率、转差率有关，还与（　　）有关系。
    A. 磁极数　　B. 磁极对数　　C. 磁感应强度　　D. 磁场强度

50. 在变频控制技术中，若使用三个控制端子，最多可以达到（　　）速运行控制。
    A. 3　　　　　B. 7　　　　　C. 9　　　　　D. 16

卷二（非选择题，共 100 分）

二、简答作图题（本大题共 10 个小题，每小题为 5 分，共 50 分）

1. 如图所示为牛头刨床的横向进给机构，请问：
  （1）该进给机构属于铰链四杆机构的哪一种类型？
  （2）该机构具有何种运动特性？有何意义？

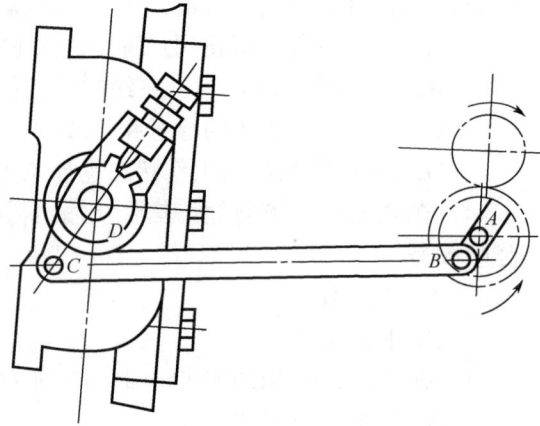

2. 如图所示为滑动轴承结构，试分析回答：
  （1）为方便轴承润滑，在件 1 上常设计出哪些结构？各有何作用？
  （2）该轴承有何特点？应用于何种场合？

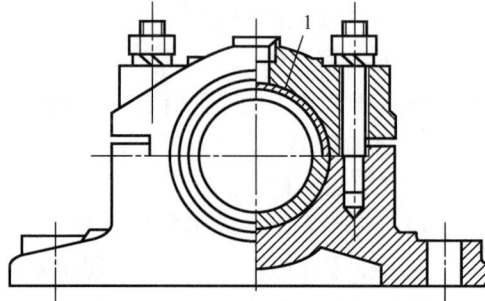

3. 根据如图所示的主、俯视图，画出左视图。

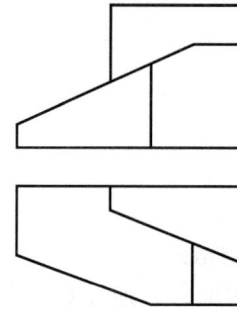

4. 根据如图所示的主、俯视图，画出半剖左视图。

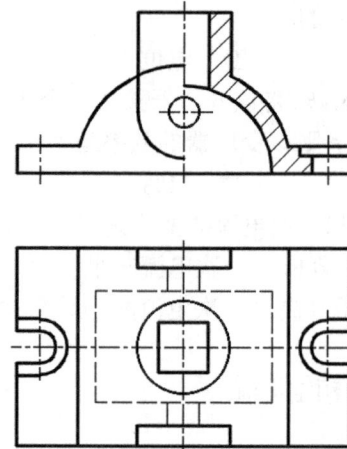

5．根据如图所示的视图，补画视图中缺少的线。

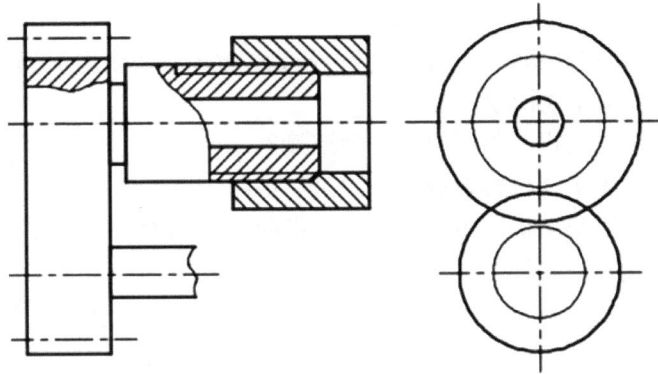

6．请说明如图所示的 PLC I/O 接线图和梯形图能够实现的控制功能。

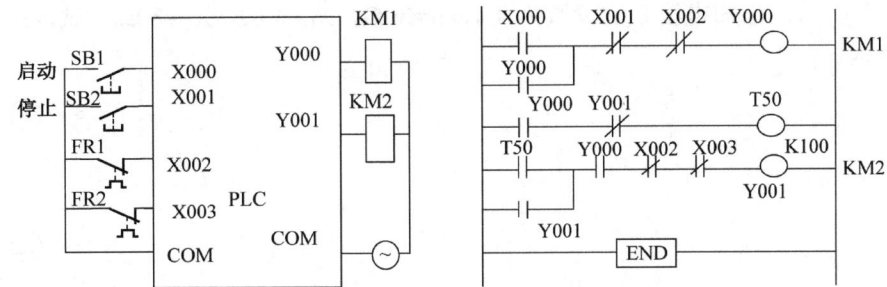

7．如图所示为 FR－E740 变频器接线图，现通过按钮控制实现变频器的 4 速调速。

（1）请将该接线图补画完整。

（2）若此时要调整 RH 和 RL 对应的端子的设定频率，则应分别调整哪两个参数？

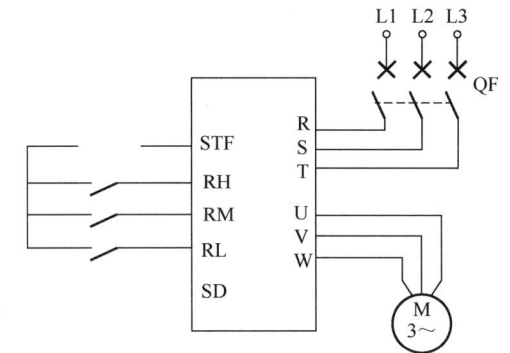

8．某同学用直流法测定三相异步电动机首、尾端，当开关 S 闭合瞬间，指针指示如图所示，请说明得到什么结论。

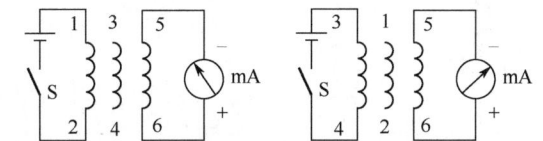

9. 如图所示，当开关 S 闭合瞬间，请在括号处标注相应磁极极性，并在铜线框 AB 段标上感应电流方向。

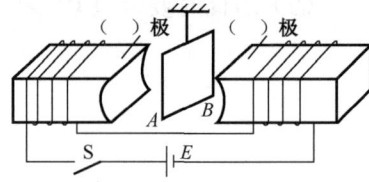

10. 在如图所示的电路中，已知工频三相交流电的线电压为 380V，已知 $R=100\Omega$，请问：

（1）当开关 S 闭合时，电流表 A1 和 A2 的读数分别是多少？

（2）当开关 S 断开时，电流表 A1 和 A3 及电压表 V 的读数如何变化？

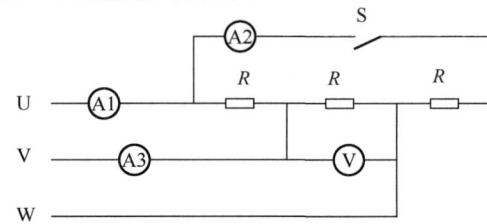

三、分析计算题（本大题共 4 个小题，第 1、第 2、第 3 小题均为 5 分，第 4 小题为 10 分，共 25 分）

1. 某三相交流异步电动机每相绕组额定电压为 380V，额定电流为 9.47A，功率因数为 0.85，电源线电压为 380V，频率为 50Hz。

（1）三相交流异步电动机三相绕组应如何连接？

（2）求三相交流异步电动机每相绕组的阻抗、电阻、电感。

（3）求三相交流异步电动机额定运行时的相电流、线电流。

2. 如图所示，已知电流表的读数为 4A，$R=30\Omega$，$X_L=40\Omega$，$X_C=80\Omega$，试求：电压表 V1 和 V2 的读数。

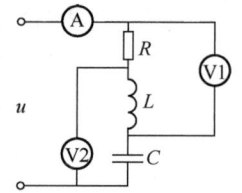

3．某变压器额定容量 S_N=100V·A，额定电压 U_{1N}/U_{2N}=220V/40V，铁芯中的最大磁通量为 1.65×10^{-3}Wb，f=50Hz，试求变压器一次绕组和二次绕组的匝数，以及额定的一次电流和二次电流。

4．如图所示为某一机构传动简图。电动机的转速 n=880r/min，带轮的基准直径 d_{d1}=100mm，d_{d2}=200mm，z_A=35，z_B=50，z_C=60，z_1=30，z_2=40，z_3=55，z_4=-45，z_5=36，小齿轮齿数 z_6=18，模数 m=2.5mm，其中 A、B、C 为三联滑移齿轮，请完成下列问题。

（1）主轴的转速有几种？

（2）主轴的最低转速是多少？

（3）判断齿条的移动方向。

（4）当主轴逆时针转两转时，齿条的移动距离是多少？（计算时 π 取整）

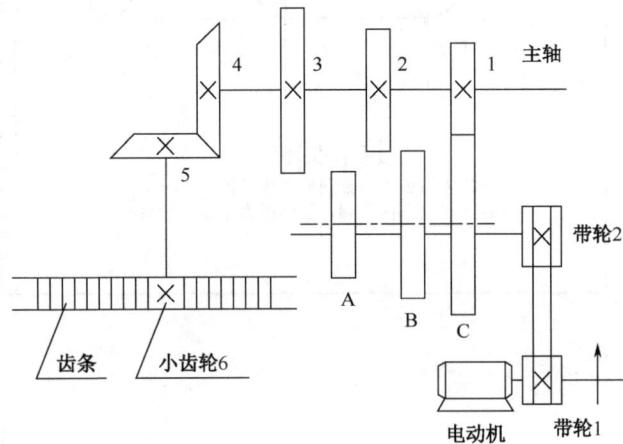

四、综合应用题（本大题共 2 个小题，第 1 小题为 10 分，第 2 小题为 15 分，共 25 分）

1．某同学进行电动机点动与连续运行控制电路的实训操作。

（1）请将如图所示的原理图补画完整。

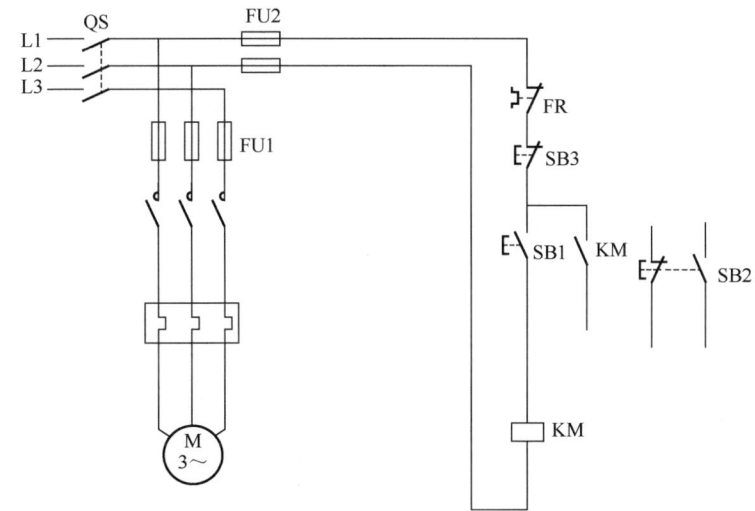

（2）根据原理图，请将如图所示的控制电路实物接线图补画完整。

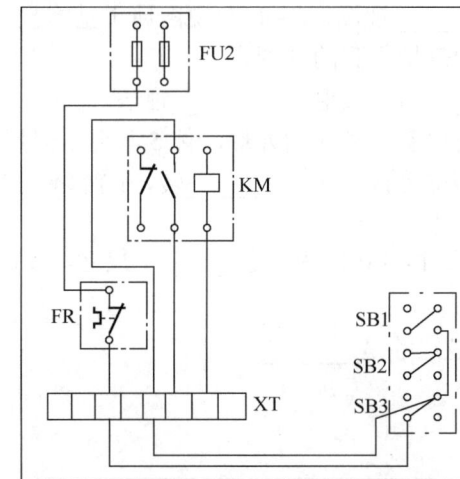

（3）若用顺序功能图进行编程，请将如图所示的顺序功能图补画完整。

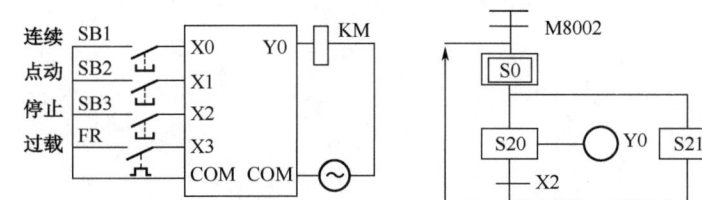

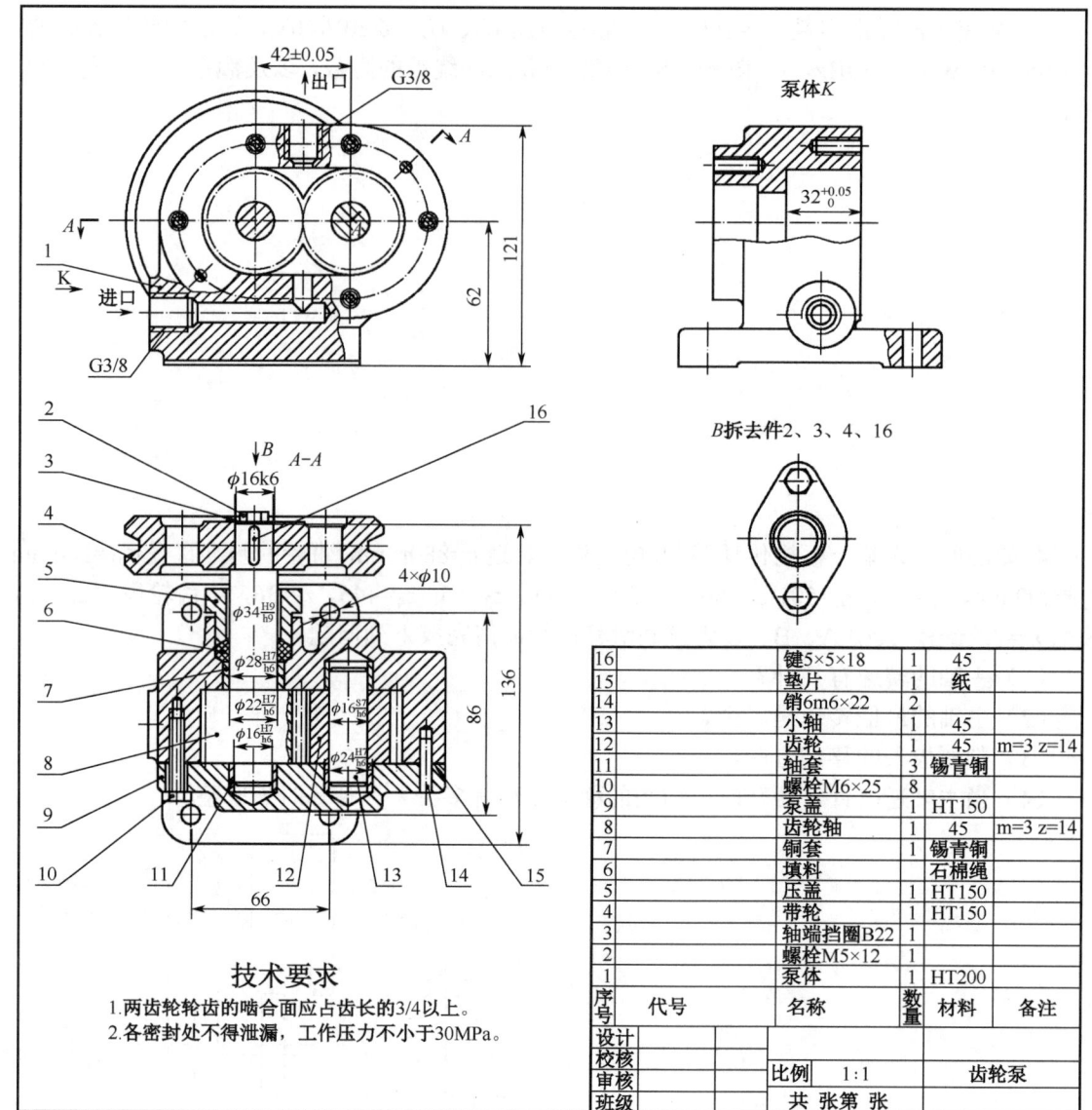

2.（本小题每空为 1 分，共 15 分）根据如图所示的齿轮泵装配图，请完成下列问题。

（1）主视图采用的是_____视图，A–A 向视图属于基本投影中的_____视图，A–A 向视图是用_____剖切平面剖切得到的视图。

（2）B 向视图是_____视图，采用了_____画法。

（3）通过_____视图可以看清件 5 的外形，件 5 与件 1 采用_____连接。

（4）齿轮泵在工作时，齿轮轴（件 8）_____转，小轴（件 13）及齿轮（件 12）_____转。提示：根据泵的进、出口进行判断。

（5）86、66 是_____尺寸，40±0.05 是_____尺寸，φ16S7/h6 属于_____制_____配合。

（6）齿轮（件 12）的宽度尺寸是_____。

技术要求

1.两齿轮轮齿的啮合面应占齿长的3/4以上。

2.各密封处不得泄漏，工作压力不小于30MPa。

16		键5×5×18	1	45	
15		垫片	1	纸	
14		销6m6×22	2		
13		小轴	1	45	
12		齿轮	1	45	m=3 z=14
11		轴套	3	锡青铜	
10		螺栓M6×25	8		
9		泵盖	1	HT150	
8		齿轮轴	1	45	m=3 z=14
7		铜套	1	锡青铜	
6		填料		石棉绳	
5		压盖	1	HT150	
4		带轮	1	HT150	
3		轴端挡圈B22	1		
2		螺栓M5×12	1		
1		泵体	1	HT200	
序号	代号	名称	数量	材料	备注
设计					
校核					
审核			比例	1:1	齿轮泵
班级				共 张第 张	

— 48 —

机电技术（七）

本试卷分卷一（选择题）和卷二（非选择题）两部分。满分为 200 分，考试时间为 120 分钟。考试结束后，请将本试卷和答题卡一并交回。

卷一（选择题，共 100 分）

一、选择题（本大题共 50 个小题，每小题为 2 分，共 100 分。在每小题列出的 4 个选项中，只有 1 个选项符合题目要求，请将符合题目要求的选项字母代号选出，并填涂在答题卡上）

1. 按国家标准规定，下列有关机械制图的表述错误的是（   ）。
   A. 图样标题栏中的文字方向为看图方向
   B. 图样比例是指图样中图形与其实物相应要素的线性尺寸之比，图样中标注的尺寸必须是实物实际的尺寸
   C. 在常用图线中，允许表面处理的表示线用粗点画线，不可见轮廓线用细虚线
   D. 在同一图形中，对于尺寸相同的孔、槽等组成要素，只要在一个要素上注出其尺寸和数量，并用缩写"EQS"表示"均匀分布"

2. 符合机械制图中尺寸标注规范要求的是（   ）。
   A. 图样轮廓线不可用作尺寸界线
   B. 尺寸线一端宜超出尺寸界线 3～4mm
   C. 尺寸数字不允许标注在尺寸线的中断处
   D. 尺寸界线应用细实线绘制，必须与被注长度垂直

3. 若 A 点的 V 面投影 a' 坐标为（10，5），A 点距 V 面 15 个单位，则下列说法正确的是（   ）。
   A. A 点在 X 轴上方 10 个单位　　B. A 点在 Z 轴上
   C. A 点在 X 轴下方 5 个单位　　D. A 点在 Y 轴左方 10 个单位

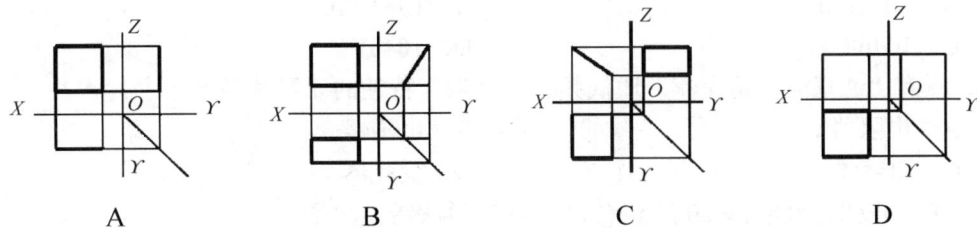

4. 如图所示，表示正确的正垂面投影是（   ）。

   A　　　　B　　　　C　　　　D

5. 已知如图所示的左、俯视图，正确的主视图是（   ）。

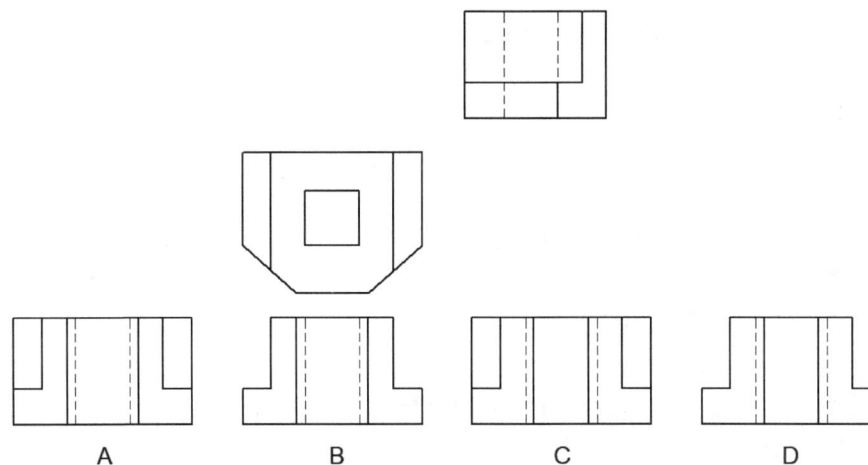

A　　　　B　　　　C　　　　D

6. 已知如图所示的主、俯视图，正确的轴测图是（   ）。

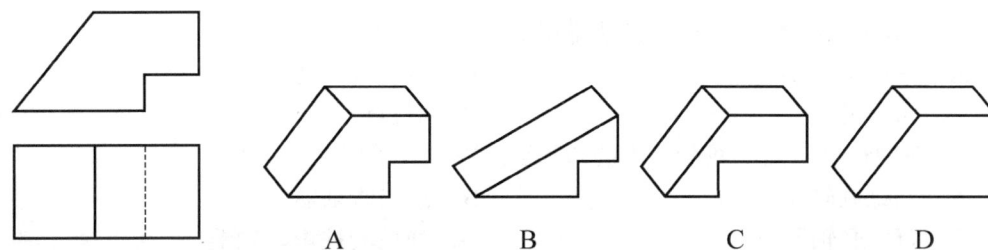

A　　　B　　　C　　　D

7. 如图所示，正确的全剖主视图是（   ）。

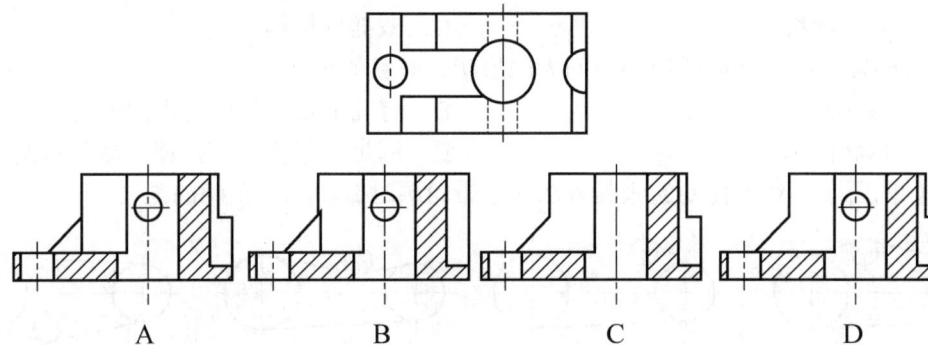

A　　　　B　　　　C　　　　D

8. 如图所示，正确的 $A—A$ 全剖视图是（   ）。

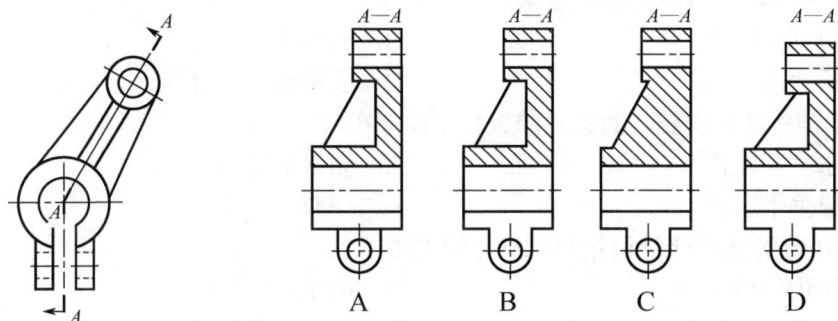

A　　　　B　　　　C　　　　D

9．在机械图样中，关于剖视图标注说法正确的是（　　）。

    A．剖视图一般应按规定标注剖切位置和投射方向

    B．剖切位置和投射方向均用细实线绘制

    C．当剖视图按投影关系配置时，可省略箭头

    D．剖视图的名称一律水平书写

10．依据机械制图国家标准（GB/T 4457.4—2002），图线运用正确的是（　　）。

    A．断裂处的边界线用波浪线

    B．重合断面的轮廓线用粗实线

    C．零件成形前的轮廓线用细点画线

    D．铸造零件的相交表面圆滑过渡处的过渡线用粗实线

11．选择键的截面尺寸的主要依据是（　　）。

    A．轮毂长度   B．轴的直径

    C．传递扭矩   D．传递功率

12．关于滚珠螺旋传动的特点说法错误的是（　　）。

    A．摩擦损失小   B．传动效率高

    C．动作灵敏   D．能自锁

13．在对中精度较高，载荷平稳的两轴连接中，宜采用（　　）。

    A．凸缘联轴器   B．滑块联轴器

    C．万向联轴器   D．弹性套柱销联轴器

14．若将曲柄摇杆机构中的摇杆改为机架，则该机构将变成（　　）。

    A．曲柄摇杆机构   B．反向双曲柄机构

    C．双曲柄机构   D．双摇杆机构

15．阶梯轴一般设计成两端小中间大的形状，其目的是（　　）。

    A．减小局部应力   B．有利于轴上零件的周向固定

    C．形状简单   D．满足等强度条件，便于零件从两端装拆

16．如图所示，V带传动的张紧方法（小带轮顺时针转动）正确的是（　　）。

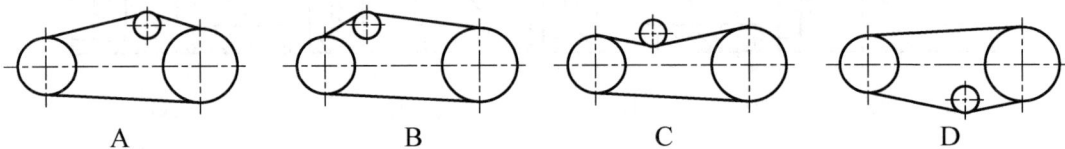

    A   B   C   D

17．中、大型滚动轴承的安装常采用（　　）。

    A．拉杆拆卸器   B．温差法

    C．压力法   D．手锤或辅助套筒

18．关于链传动的安装，两链轮的旋转平面应在（　　）。

    A．水平平面内   B．倾斜平面内

    C．铅垂平面内   D．任意平面内

19．CA6140卧式车床溜板箱与床身之间采用了（　　）。

    A．锥齿轮传动   B．齿轮齿条传动

    C．内啮合齿轮传动   D．交错轴齿轮传动

20．有一个标准直齿圆柱齿轮，分度圆齿厚为6.28mm，齿顶圆半径为68mm，则该齿轮的齿数是（　　）。

    A．16   B．32

    C．48   D．64

21．在密封装置中，唇形密封圈的密封唇朝内的主要目的是（　　）。

    A．防止漏油   B．防止灰尘进入

    C．既防止漏油又防止灰尘进入   D．减少轴与轴承盖的磨损

22．在液压传动系统中，传递动力和进行控制利用的是（　　）。

    A．液体压力   B．液体流量

    C．液体流速   D．液体流向

23．不属于液压泵站的是（　　）。

    A．液压缸   B．液压泵

    C．溢流阀   D．电动机

24．若单出杆活塞式液压缸进出油管直径相等，则活塞运动时无杆腔内流动的油液流量Q_1和有杆腔内流动的油液流量Q_2的关系是（　　）。

    A．$Q_1=Q_2$ B．$Q_1>Q_2$ C．$Q_1<Q_2$ D．不确定的

25．在气压传动中，如果用压力的高低控制执行元件的先后动作，应当选择（　　）。

    A．调压阀   B．顺序阀   C．流量阀   D．安全阀

26．关于跨步电压触电，说法正确的是（　　）。

    A．步距越大，跨步电压一定越大

    B．离接地点越近，越安全

    C．可采取单脚跳方式跳出危险区域

    D．应迅速跑离危险区域

27．下列说法错误的是（　　）。

    A．电流方向是正电荷定向移动方向

    B．电路中参考点的电位规定为0V

    C．电源的输出电压即为它的电动势

    D．电阻对电流有阻碍作用

28．当使用指针式万用表测量电压时，量程的选择应尽量使指针指示在标尺满刻度的（　　）。

    A．前1/3段   B．中间位置   C．任意位置   D．后1/3段

29．若一只电容器容量标示为"104"，它的电容量为（　　）。

    A．$10×10^4\mu F$ B．$10×10^4 pF$

    C．$104pF$ D．$104\mu F$

30．具有"通直流、阻交流，通低频、阻高频"特性的元器件是（　　）。

    A．电阻器   B．电感器

    C．电容器   D．变频器

31．关于正弦交流电$i=20\sqrt{2}\sin(314t-90°)$说法错误的是（　　）。

    A．初相位为$-90°$ B．频率为工频

    C．周期为0.02s   D．有效值为28.28A

32. 若某元件上的电压和电流表达式分别为 $\mu=100\sqrt{2}\sin(\omega t-60°)$，$i=5\sqrt{2}\sin(\omega t+30°)$，则该元件为（　　）。

  A．电感性元件   B．电容性元件

  C．纯电容元件   D．纯电感元件

33. 某三相对称负载为星形联结，接在线电压为 380V 的三相电源上，若每相负载的阻抗为 100Ω，则相电流为（　　）。

  A．3.8A   B．2.2A

  C．$3.8\sqrt{3}$ A   D．$2.2\sqrt{3}$ A

34. 当用变比为 100 的电压互感器测量时，电压表的读数为 100V，则被测电压为（　　）。

  A．1V   B．0.01V

  C．10KV   D．1000KV

35. 复合按钮是一种常用的主令电器，在被按下时的动作特点是（　　）。

  A．动断触点先断开，动合触点再闭合

  B．动合触点先闭合，动断触点再断开

  C．动断触点、动合触点一齐动作

  D．具有随机性

36. 有一个理想变压器，一次绕组匝数为 1100 匝，接在 220V 交流电源上，当它对 11 只并联的"40V，60W"的灯泡供电时，灯泡正常发光，则此时变压器的一次电流为（　　）。

  A．30A   B．16.5A

  C．3A   D．1.5A

37. 关于绝缘电阻表的使用，说法错误的是（　　）。

  A．在使用绝缘电阻表测量前，应合理选择它的电压等级

  B．严禁使用绝缘电阻表测量带电设备的绝缘电阻

  C．在进行短路测试时，它的转速必须为 120r/min

  D．绝缘电阻表与被测设备的连接线应用单股线

38. 三角形联结的三相异步电动机若误接为星型联结，则在满载运行时其铜损和温升将（　　）。

  A．不变   B．减小

  C．增加   D．无影响

39. 关于直流电动机换向磁极的励磁绕组说法正确的是（　　）。

  A．匝数少，与电枢绕组串联

  B．匝数少，与电枢绕组并联

  C．匝数多，与电枢绕组串联

  D．匝数多，与电枢绕组并联

40. 电压互感器在运行时接近（　　）。

  A．空载状态，其二次绕组不能开路

  B．空载状态，其二次绕组不能短路

  C．短路状态，其二次绕组不能开路

  D．短路状态，其二次绕组不能短路

41. 在 PLC 中，AND 指令是指（　　）。

  A．动断触点的串联指令

  B．动合触点的并联指令

  C．动断触点的并联指令

  D．动合触点的串联指令

42. 在 PLC 中，关于并发顺序功能图说法错误的是（　　）。

  A．并发顺序的转移条件应标注在两个水平线以外

  B．并发顺序用双水平线表示

  C．双水平线表示若干个顺序同时开始和结束

  D．并发顺序的转移

43. 在 PLC 中，下列继电器编号错误的是（　　）。

  A．X000   B．Y007

  C．X008   D．Y010

44. 在电动机的正反转控制电路中，为了防止主触头熔焊而发生短路事故，应采用（　　）。

  A．接触器自锁   B．接触器联锁

  C．按钮联锁   D．机械互锁

45. 若某台三相异步电动机额定电压为 380V，且采用△联结，则电动机每相定子绕组承受的电压是（　　）。

  A．220V   B．380V

  C．127V   D．110V

46. 在 PLC 中，将栈中由 MPS 指令存储的结果读出并清除栈中内容的指令是（　　）。

  A．MP   B．MPS

  C．MPP   D．MRD

47. 在 PLC 中，下列不是置位指令的操作元件是（　　）。

  A．Y   B．M

  C．C   D．S

48. 在 PLC 中，与主控触点相连的触点必须用（　　）。

  A．AND、ANI   B．LD、LDI

  C．AND、ANB   D．LD、ANB

49. 在变频器运行后，若要进行改变接线的操作，则必须在电源切断（　　）后才行。

  A．5 min   B．10 min

  C．20min   D．30 min

50. 当变频器参数 Pr.182 为 5 时，端子 RH 的功能变更为（　　）。

  A．RL   B．RT

  C．JOG   D．STR

卷二（非选择题，共 100 分）

二、简答作图题（本大题共 10 个小题，每小题为 5 分，共 50 分）

1．如图所示为牙嵌式离合器，通过操纵系统拨动滑环，使右半离合器作轴向移动，实现离合器的分离或接合。

（1）左半离合器与主动轴采用哪种类型的普通平键连接？

（2）右半离合器轴向移动距离不大，与从动轴采用了哪种平键连接？

（3）件 1 与左半离合器的固定采用哪种类型的螺纹连接？

（4）从动轴可以在件 1 内自由转动，件 1 的名称是什么？在离合器中的作用是什么？

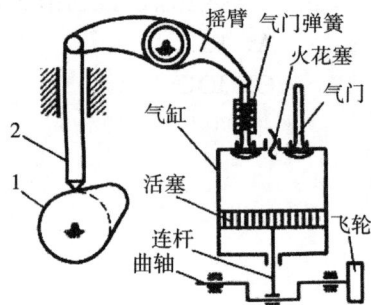

3．根据如图所示的主、俯视图，画出左视图。

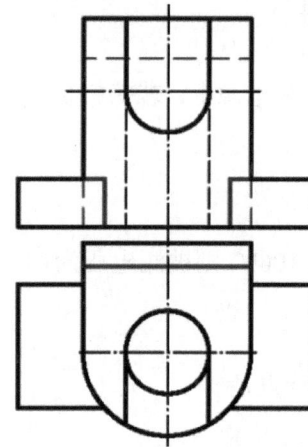

4．根据如图所示的主、俯视图，绘制全剖的左视图。

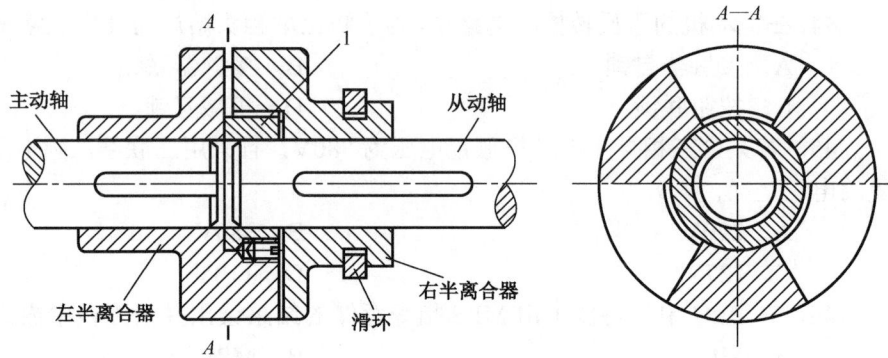

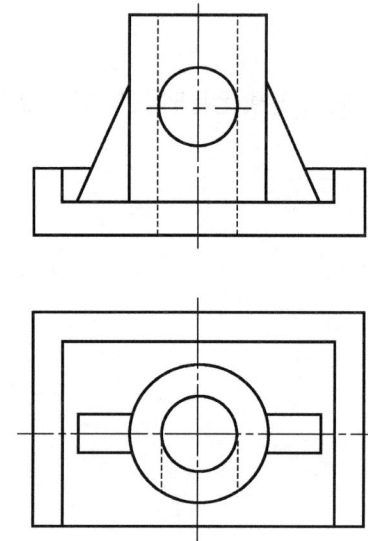

2．根据如图所示的汽车发动机配气机构传动简图，回答下列问题。

（1）件 1 与件 2 组成何种类型的运动副？

（2）活塞、连杆、曲轴构成何种类型的平面连杆机构？

（3）若件 1 由图示位置逆时针转过 20°，气门是打开还是关闭？

（4）飞轮的主要作用是什么？

5．根据如图所示的主、左视图，画出指定位置的断面图。

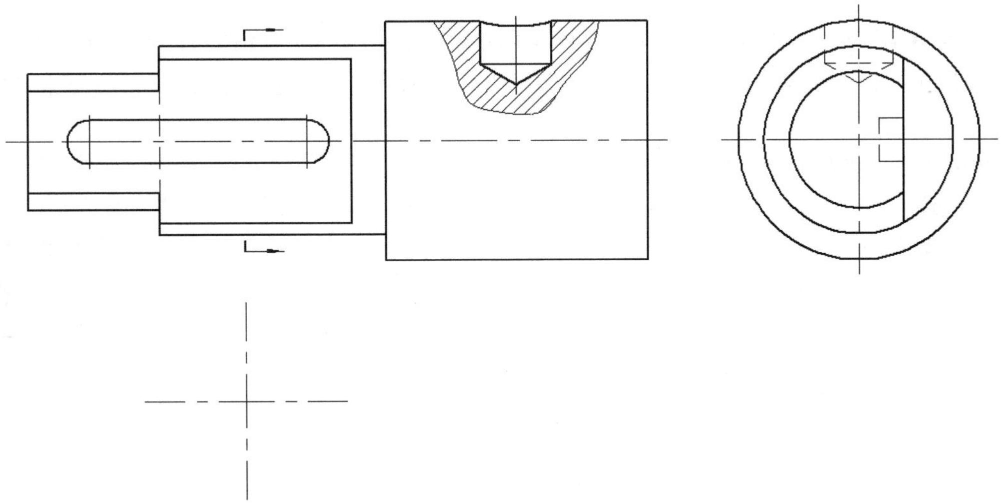

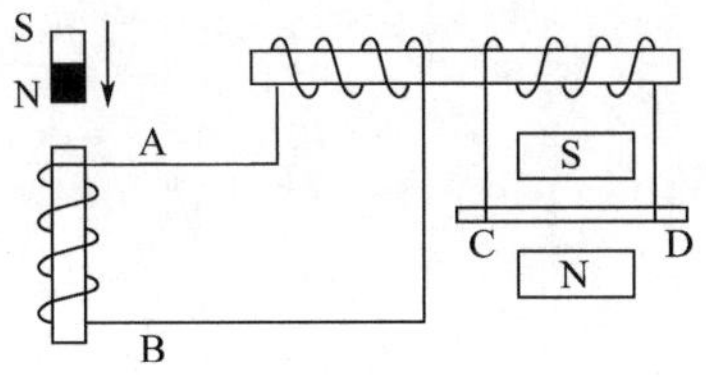

7．如图所示，请将梯形图转化的主控指令梯形图补画完整。

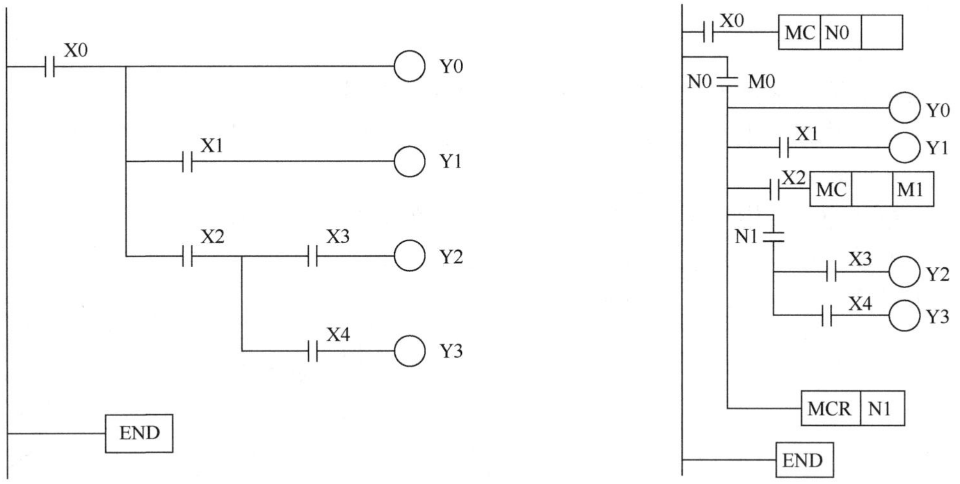

6．如图所示，当条形磁铁向下移动时，请判断：
（1）AB 端的感应电动势极性。
（2）CD 段的感应电流方向及 CD 的受力方向。

8．在如图所示电路中，当 R_3 的滑动触头向左滑动时，各电表的示数如何变化？

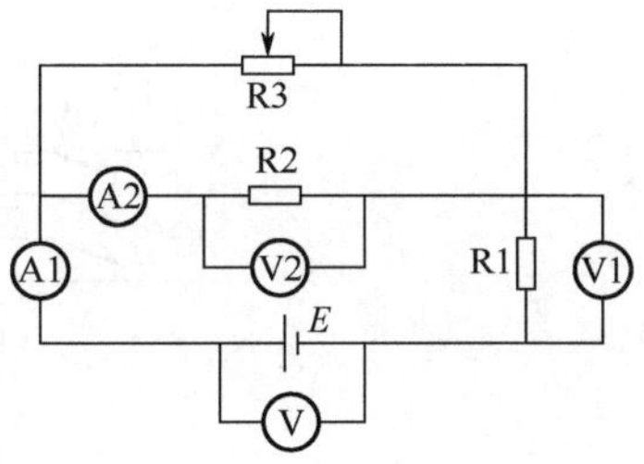

9. 如图所示，某同学用 MF47 型万用表测量实训台上插座两孔之间的电压，他依次进行了如下操作：

（1）对该万用表进行欧姆调零。

（2）根据估算，选择该万用表的 AC500V 挡进行测量。

（3）在测量中发现指针未指到满刻度 2/3 以上位置，立即将转换开关拨到该万用表的 AC250V 挡进行测量。

（4）当指针稳定后指在图示位置时，读出电压为 220V 并记录。

（5）当测量完毕后，将该万用表水平放置到桌面上。

请分析说明以上测量过程中的错误之处。

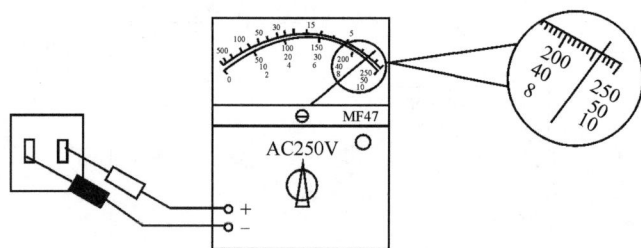

10. 如图所示为工频三相四线制照明电路，其中灯 HL1、HL2 为"220V、100W"，灯 HL3 为"220V、60W"，请问：

（1）当各开关闭合后，三只灯能否正常发光？中性线上是否有电流？

（2）当 U 相熔断器熔断后，三只灯亮度如何变化？当中性线也断开时，灯 HL2 亮度如何变化？

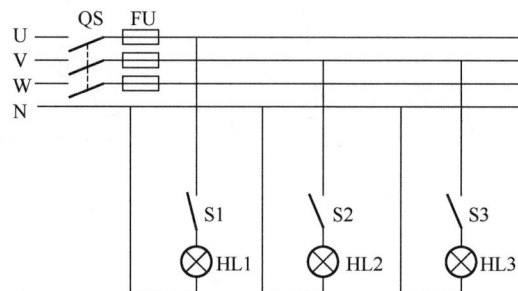

三、分析计算题（本大题共 4 个小题，第 1、第 2、第 3 小题均为 5 分，第 4 小题为 10 分，共 25 分）

1. 将如图所示的理想变压器接在 220V 的交流电源上，一次绕组匝数 N_1=1100 匝，二次侧有两个绕组，其中 N_2=200 匝，电阻 R 消耗的功率为 100W，灯 HL（20V，10W）正常发光，求：

（1）电阻 R 两端的电压 U_2。

（2）匝数 N_3。

（3）一次电流 I_1。

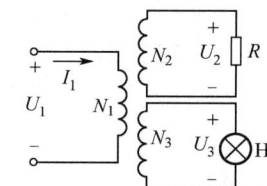

2. 将某星形联结的三相对称负载，接在对称三相电源上，已知 R=30Ω，L=127mH，u_{UV}=380$\sqrt{2}$ sin(314t+30°)，完成下列问题。

（1）求每相负载的阻抗。

（2）求各相负载中相电压和相电流的相位差。

（3）写出 U 相电流的瞬时值表达式。

（4）求三相负载的有功功率。

（5）求中性线电流。

3. 已知电容 C 为 0.12μF，输入正弦电压频率 f 为 100Hz，电压有效值为 1V。要使输出电压 u_o 滞后输入电压 u_i 60°，试问：电阻 R 应为多少？输出电压有效值是多少？

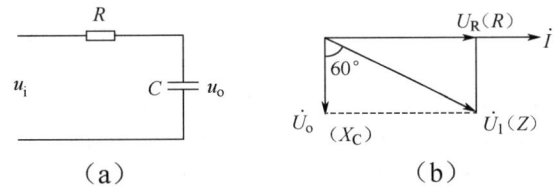

（a）　　　　　　（b）

4. 如图所示为一个齿轮系，已知单头蜗杆的转速 $n_1=1440$r/min，蜗杆转动的方向如图所示，各齿轮齿数分别是 $z_2=40$，$z_3=20$，$z_4=30$，$z_5=18$，$z_6=54$。
（1）计算标准直齿圆柱齿轮 6 的转速，并判断其转向。
（2）标准直齿圆柱齿轮 6 和齿轮 5 的啮合条件是什么？

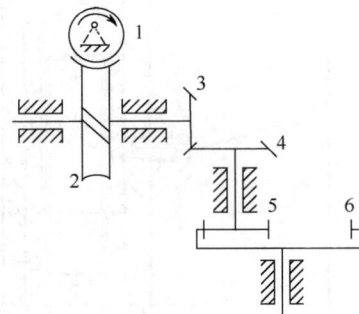

四、综合应用题（本大题共 2 个小题，第 1 小题为 10 分，第 2 小题为 15 分，共 25 分）

1. 某同学进行三相异步电动机双重联锁正反转控制电路的实训操作。
（1）请将如图所示的原理图补画完整。

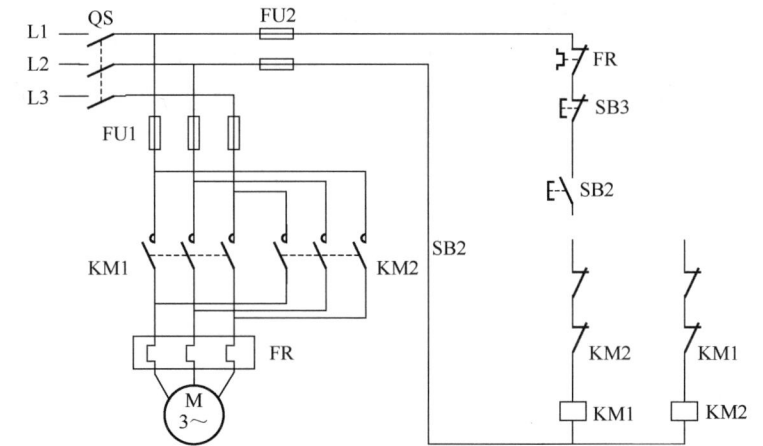

（2）通过 PLC 实现三相异步电动机的正反转控制，当按下 SB1 时，三相异步电动机正转运行 3min 后，暂停 30s，然后反转运行 2min，再暂停 30s，之后就这样重复循环；当按下 SB2 时，三相异步电动机立即停止。试根据如图所示的 I/O 接线图，将顺序功能图补画完整。

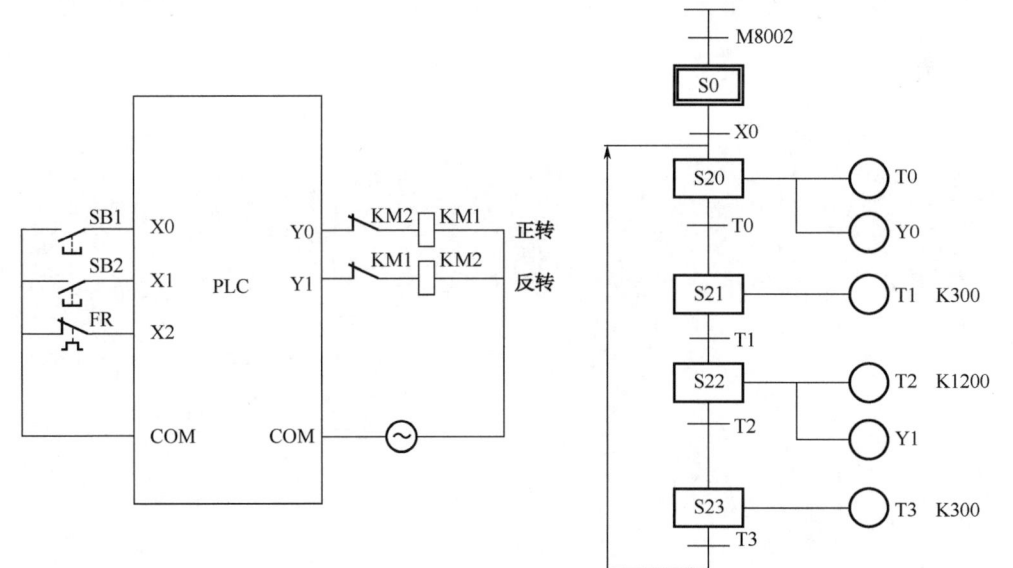

— 55 —

2．（本小题每空为 1 分，共 15 分）根据如图所示的微动机构装配图，完成下列问题。

（1）该装配图由_____个图形表达，主视图采用_____视图，左视图采用_____视图。

（2）该机构的微调距离是由_____决定的。

（3）$\phi 20H8/f7$ 表示序号_____与序号_____之间是_____制_____配合。

（4）导杆 10 与键 12 是通过_____连接的，键的作用是_____。

（5）在指定位置拆画导套 9 全剖主视图（采用工作位置，按图中的图形直接量取作图）

序号	代号	名称	数量	材料	备注
12		键	1	45	
11	GB/To5	螺钉 M3×14	1	Q235-A	
10		导杆	1	45	
9		导套	1	45	
8		支座	1	ZL103	
7	GB/T75	螺钉 M6×12	1	Q235-A	
6		螺杆	1	45	
5		轴套	1	45	
4	GB/T73	螺钉 M3×8	1	Q235-A	
3		垫圈	1	Q235-A	
2	GB/T71	螺钉 M5×8	1	Q235-A	
1		手轮	1		

微动机构

制图　（姓名）　（日期）　比例　（图号）

审核　（校名）　学号

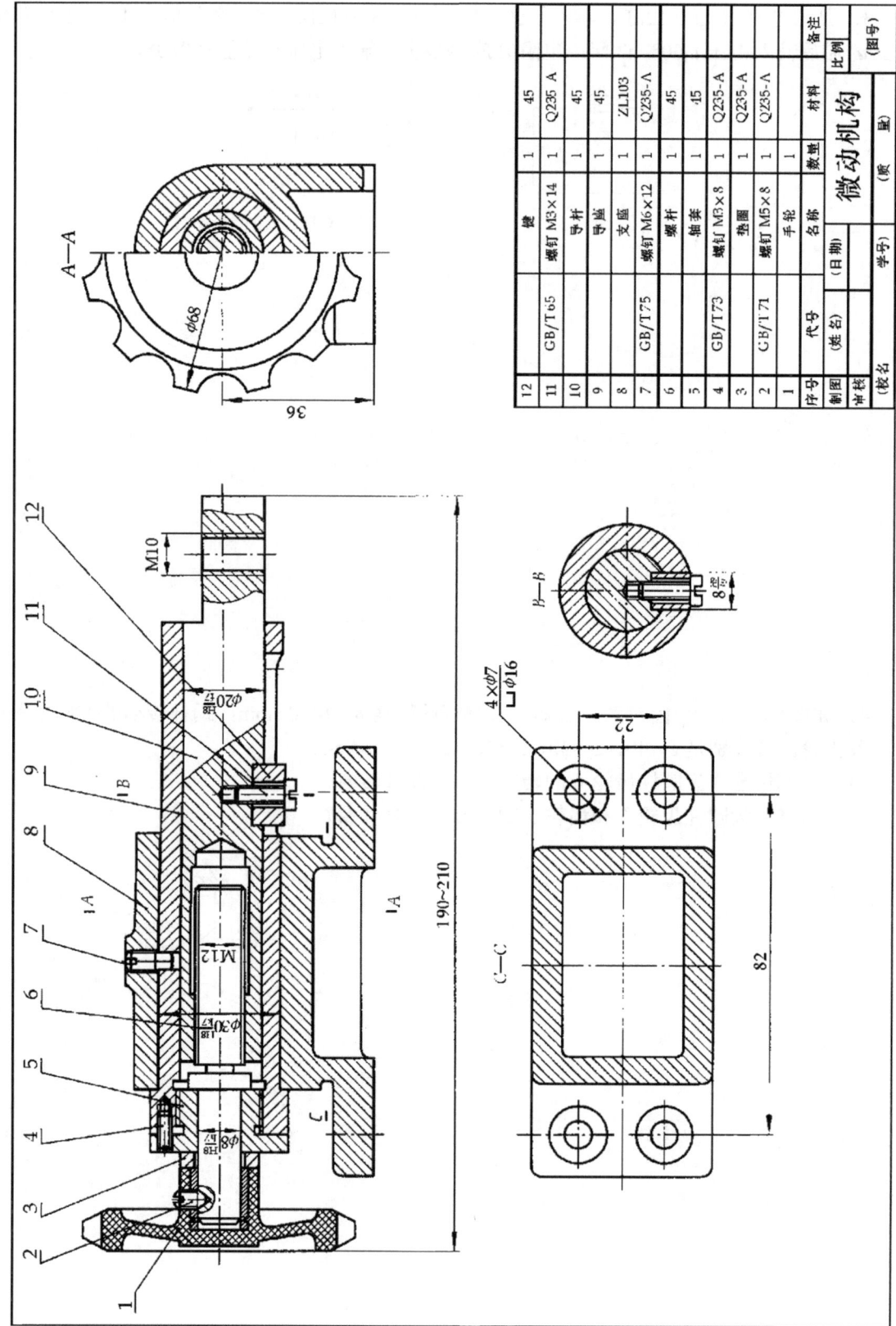

— 56 —

职教高考模拟试卷

机电技术（八）

本试卷分卷一（选择题）和卷二（非选择题）两部分。满分为 200 分，考试时间为 120 分钟。考试结束后，请将本试卷和答题卡一并交回。

卷一（选择题，共 100 分）

一、选择题（本大题共 50 个小题，每小题为 2 分，共 100 分。在每小题列出的 4 个选项中，只有 1 个选项符合题目要求，请将符合题目要求的选项字母代号选出，并填涂在答题卡上）

1. 按机械制图国家标准规定，下列叙述正确的是（　　）。
   A. 比例是指实物与其图形相应要素的线性尺寸之比
   B. 图样中的字母和数字可写成斜体或直体，且在同一张图样中这两种形式的字体可同时选用
   C. 图样中的中心线应超出轮廓线 3～5 mm，若在较小的图形上绘制细点画线有困难，则可用粗实线代替
   D. 物体的真实大小应以图样上所标注的尺寸数值为依据，与图样的大小及绘图的准确程度无关

2. 如图所示，斜面的斜度值表达正确的是（　　）。
   A. H_2/H_1　　　　　　B. L_1/L_2
   C. L_2/H_1　　　　　　D. $\tan\alpha$

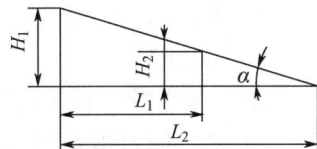

3. 关于正面投影，下列说法正确的是（　　）。
   A. 正面投影只能反映物体的上、下和前、后
   B. 正面投影只能反映物体的左、右和前、后
   C. 正面投影只能反映物体的上、下和左、右
   D. 正面投影只能反映物体的上、下

4. 已知如图所示的主、俯视图，正确的左视图是（　　）。

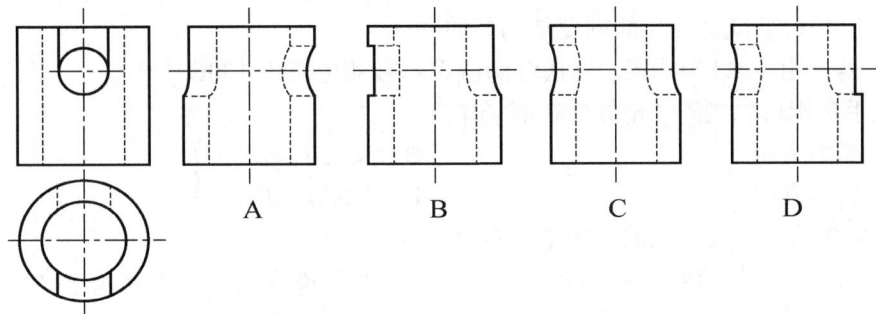

5. 当孔的轴线通过球心且垂直 W 面贯通于球时，相贯线的正面投影为（　　）。
   A. 直线　　　　B. 圆　　　　C. 椭圆　　　　D. 双曲线

6. 已知如图所示的主、俯视图，正确的左视图是（　　）。

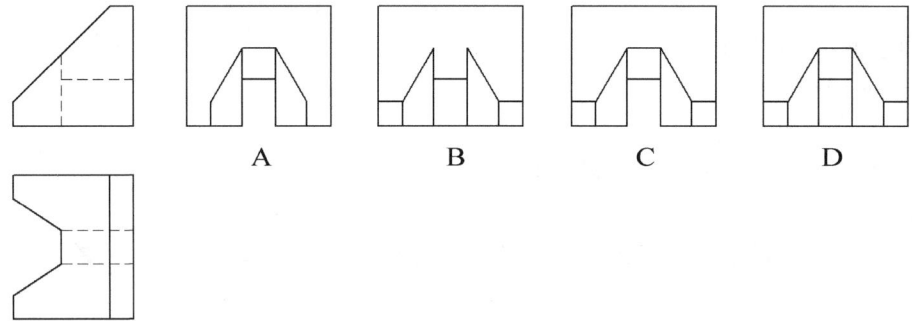

7. 当将斜视图旋转配置时，表示该视图名称的字母应置于（　　）。
   A. 旋转符号的前面　　　　　　　B. 旋转符号的后面
   C. 旋转符号的前面或后面　　　　D. 靠近旋转符号的箭头端

8. 已知如图所示的俯视图，正确的主视图是（　　）。

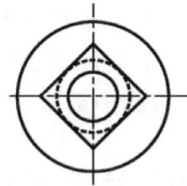

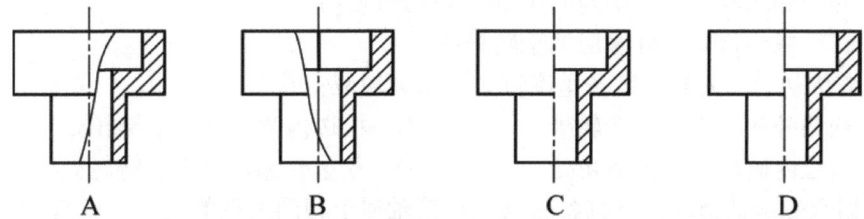

9. 当两齿轮啮合时，在平行于齿轮轴线投影面的外形视图中，啮合区不画齿顶线，只用粗实线画出（　　）。
   A. 齿根线　　　　B. 分度线　　　　C. 齿顶线　　　　D. 节线

10. 几何公差符号 ◎ 表示的项目名称是（　　）。
    A. 圆度　　　　B. 圆柱度　　　　C. 同轴度　　　　D. 位置度

11. 在键长为 L、键宽为 b 的普通平键连接的强度校核计算中，A 型平键有效工作长度 l 应为（　　）。
    A. $l=L$　　　B. $l=L-b/2$　　　C. $l=L-b$　　　D. $l=L-2b$

12. 在下列螺旋传动应用中，属于传导螺旋的是（　　）。
    A. 螺旋起重机
    B. 螺旋压力机
    C. 卧式车床中滑板横向进给螺旋传动

D. 镗刀杆微调机构

13. 若要求机器在运转中接合或分离，且连接两轴的传动比要准确，则应采用（　　）。
　　A. 凸缘联轴器　　　　　　　　B. 齿式联轴器
　　C. 超越离合器　　　　　　　　D. 嵌合式离合器

14. 如图所示的机构是（　　）。
　　A. 曲柄摇杆机构
　　B. 摆动导杆机构
　　C. 平底摆动从动件盘形凸轮机构
　　D. 平底摆动从动件圆柱凸轮机构

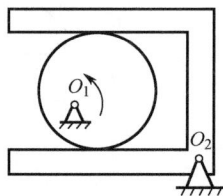

15. 曲柄滑块机构是当曲柄摇杆机构的一个杆件趋于无穷长时演化而来的，那么该杆件是（　　）。
　　A. 连杆　　　　　B. 机架　　　　　C. 摇杆　　　　　D. 曲柄

16. 关于 V 带传动的安装与张紧的要求，下列说法不正确的是（　　）。
　　A. 主、从动轮轮槽要对正
　　B. 可以通过调整螺钉增大中心距张紧
　　C. 当中心距不便调整时，采用张紧轮张紧
　　D. 为保证摩擦力，V 带内表面要与带轮轮槽底部接触

17. 关于 V 带传动的安装与维护，下列说法正确的是（　　）。
　　A. 在安装时，用大拇指在 V 带的中部施加 200N 左右的垂直压力，下沉量为 20mm 为宜
　　B. 主动带轮与从动带轮的轮槽要对正，两轮的轴线要保持平行
　　C. 为降低成本，新旧不同的 V 带可以同时使用
　　D. 在轮槽中，V 带外缘应低于轮外缘

18. 在链传动中，为防止链条垂度过大，张紧轮应安装在（　　）。
　　A. 松边外侧，靠近大链轮处　　　　B. 松边内侧，靠近小链轮处
　　C. 松边内侧，靠近大链轮处　　　　D. 松边外侧，靠近小链轮处

19. 根据承受载荷情况，下列各轴与火车轮轴属于相同类型的是（　　）。
　　A. 滑轮轴　　　　　　　　　　　B. 齿轮减速器输出轴
　　C. 汽车变速箱与后桥连接轴　　　D. 内燃机曲轴

20. 如图所示为一个正常齿制标准直齿齿轮的局部图形，那么该齿轮的齿数为（　　）。
　　A. 16
　　B. 22
　　C. 32
　　D. 36

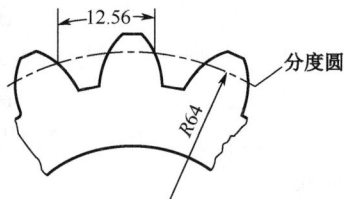

21. 滑动轴承轴瓦上开有油孔和油沟，其中油沟的作用是（　　）。
　　A. 供应润滑油　　　　　　　　B. 形成油膜
　　C. 便于散热　　　　　　　　　D. 均匀分布润滑油

22. 属于气压系统执行元件的是（　　）。
　　A. 电动机　　　　　　　　　　B. 空气压缩机

C. 气缸　　　　　　　　　　　D. 行程阀

23. 液压千斤顶大、小活塞面积之比为 6∶1，如果大活塞上升 2mm，则小活塞被压下的距离为（　　）。
　　A. 72mm　　　　　　　　　　B. 36mm
　　C. 24mm　　　　　　　　　　D. 12mm

24. 蓄能器是液压传动系统中的一个辅件，它不能起的作用是（　　）。
　　A. 储存释放压力能　　　　　　B. 减少液压冲击
　　C. 散发热量，分离空气中的部分杂质　　D. 给液压系统保压

25. 平衡回路是在液压缸下腔回油路上串联上一个平衡阀，以产生背压，不能用作背压阀的是（　　）。
　　A. 液控单向阀　　B. 顺序阀　　C. 溢流阀　　　D. 减压阀

26. 当负载短路时，电源的端电压为（　　）。
　　A. 零　　　　　　　　　　　　B. 电源电动势
　　C. 与电源内阻有关　　　　　　D. 与短路电流有关

27. 在如图所示的电路中，若 I=−2A，U_{AB}=20V，E=60V，则 R 为（　　）。
　　A. 40Ω
　　B. −40Ω
　　C. 30Ω
　　D. 20Ω

28. 如图所示，电容器两端的电压为（　　）。
　　A. 10V
　　B. 5V
　　C. 4V
　　D. 0V

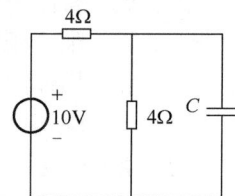

29. 关于较大容量电容器的质量检测，下列说法不正确的为（　　）。
　　A. 用万用表的"×1k"或"×100"挡
　　B. 万用表的指针向右偏转，最终稳定在"0Ω"位置，则说明该电容器质量好
　　C. 指针向右偏转一定的角度，并很快回到接近起始位置的地方，则说明质量好
　　D. 该检测利用了电容器的充、放电现象

30. 当用万用表测量电阻时，下列说法正确的是（　　）。
　　A. 每更换一次万用表的挡位，都要重新进行欧姆调零
　　B. 当测量完毕后，应将万用表的转换开关置于最高欧姆挡
　　C. 万用表的欧姆标尺的刻度是均匀的
　　D. 若选用"×100"挡，则指针满偏表示被测电阻为 100Ω

31. 左手定则可以判断通电导体在磁场中（　　）。
　　A. 受力大小　　　　　　　　　B. 受力方向
　　C. 运动方向　　　　　　　　　D. 运动速度

32. 在电感线圈中，产生的自感电动势总是（　　）。
　　A. 与线圈内的原电流方向相同　　B. 与线圈内的原电流方向相反
　　C. 阻碍线圈内原电流的变化　　　D. 非以上说法

33. 对于某正弦交流电，已知电流有效值为 $5\sqrt{2}$ A，频率为 50Hz，$t=0$ 时的电流瞬时值为 5A，则该电流瞬时值表达式为（　　　）

  A．$i=5\sqrt{2}\sin(314t+45°)$ B．$i=5\sqrt{2}\sin(314t-45°)$

  C．$i=10\sin(314t+30°)$ D．$i=10\sin(628t+30°)$

34. 已知某元件上的电压表达式为 $u=80\sqrt{2}\sin(314t+60°)$，电流为 $i=\sqrt{2}\sin(314t-30°)$，则该元件消耗的有功功率 P 为（　　　）。

  A．160W   B．80W   C．0   D．$160\sqrt{2}$

35. 在 RLC 串联电路中，电阻两端的电压是 8V，电感两端的电压是 10V，电容两端的电压是 4V，则此电路的功率因数是（　　　）。

  A．0.6   B．0.8   C．0.5   D．0.4

36. 在三相交流电路中，当负载（　　　）时，一相负载的改变对其他两相无影响。

  A．星形联结有中线   B．星形联结无中线

  C．三角形联结   D．按以上联结方式

37. 在如图所示的电路中，若变压器的变比为 10，则电压表 V 的读数为（　　　）。

  A．20V   B．2V

  C．200V   D．0V

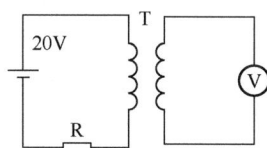

38. 在电力变压器中，当感性负载功率增加时，二次电压和一次电流的变化情况为（　　　）。

  A．二次电压降低，一次电流增大   B．二次电压降低，一次电流减小

  C．二次电压升高，一次电流增大   D．二次电压升高，一次电流增大

39. 若将正常工作的"220V、100W"照明灯两根电源线放入钳形电流表钳口内，则该表读数应为（　　　）。

  A．0.45A   D．0.23A   B．0A   C．0.9A

40. 若三相异步电动机的转速为 n，同步转速为 n_1，则转差率 s 等于（　　　）。

  A．$\dfrac{n_1-n}{n_1}$ B．$\dfrac{n_1+n}{n_1}$ C．$\dfrac{n-n_1}{n_1}$ D．$\dfrac{n_1+n}{n}$

41. 为了使异步电动机能采用 Y-△降压启动，异步电动机在正常运行时必须是（　　　）的。

  A．鼠笼式、Y联结   B．鼠笼式、△联结

  C．绕线式、Y联结   D．绕线式、△联结

42. 在电动机的正反转控制电路中，为了防止主触头熔焊而发生短路事故，应采用（　　　）。

  A．接触器自锁   B．接触器联锁

  C．按钮联锁   D．机械互锁

43. 在 PLC 中，若使用 10ms 的定时器设定 15s 的延时时间，则定时器的设定值应是（　　　）。

  A．K15   B．K150   C．K1500   D．K15000

44. PLC 内部各种继电器的触点在编程时（　　　）。

  A．可以多次重复使用   B．只能使用一次

  C．只能使用两次   D．使用次数因继电器的不同而不同

45. 梯形图的逻辑执行顺序是（　　　）。

  A．自上而下，自左而右   B．自下而上，自左而右

  C．自上而下，自右而左   D．随机执行

46. 下列关于 FX2N 系列 PLC 指令语句正确的是（　　　）。

  A．RST　C9   B．LDP　X8

  C．ANB　Y0   D．OUT　X1

47. 在 PLC 中，当使用计数器之前，必须先用（　　　）指令对计数器清零。

  A．SET   B．RST   C．INV   D．MCR

48. 在 FX2N 系列 PLC 的指令中，（　　　）是比较指。

  A．CMP   B．CJ   C．MC   D．MCR

49. 在 FR－E740 变频器面板中，用于模式切换的按键是（　　　）。

  A．RUN   B．STOP   C．MODE   D．SET

50. FR－E740 变频器的电源接线端子为（　　　）。

  A．R、S、T   B．U、V、W   C．A、B、C   D．10、2、5

卷二（非选择题，共100分）

二、简答作图题（本大题共 10 个小题，每小题为 5 分，共 50 分）

1. 根据如图所示的 V 带传动的张紧装置，请完成下列问题。

（1）当检查 V 带张紧时，若大拇指在 V 带的中部施加 20N 的垂直压力，发现 V 带的下沉量约为 25mm，那么该 V 带的张紧程度是否合适？

（2）图中采用的张紧方法是什么？除图示方法外，还有哪些带传动常用的张紧方法？

（3）在该装置中，若电动机的转速为 1440r/min，主动带轮的基准直径为 165mm，从动带轮的转速为 480r/min，则从动带轮的基准直径是多少？从动带轮应设计成什么结构？

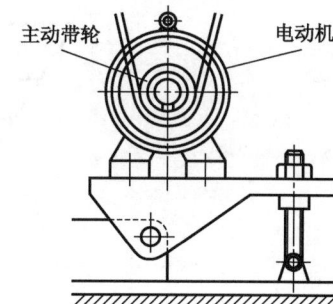

2．根据如图所示的某冲压机的运动简图，完成下列问题。

（1）写出 ABC 组成的机构名称。

（2）G、H 的接触类型是什么？

（3）杆 EH 的运动有什么特性？该特性具有什么实际意义？

4．根据如图所示的俯、左视图，画出全剖视图。

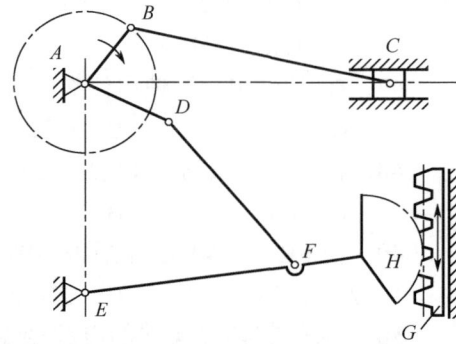

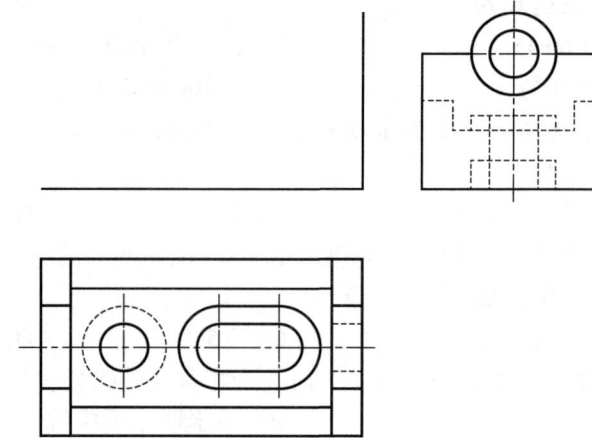

3．根据如图所示的俯、左视图，画出主视图。

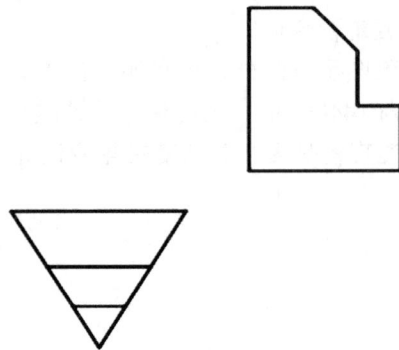

5．根据所给视图，绘制其 A-A 全剖俯视图。

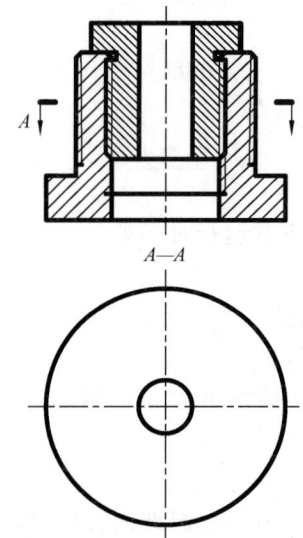

A—A

6．如图（a）所示，某同学用直流法测定三相异步电动机首、尾端，在开关 S 闭合瞬间，指针指示如图（b）所示，请说明得到什么结论。

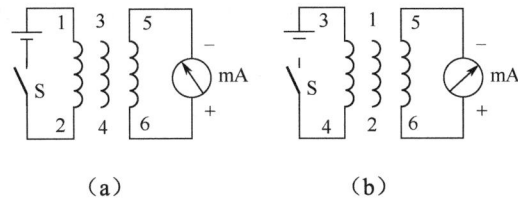

（a）　　　　　（b）

7．如图所示为某同学用双联开关控制一盏荧光灯的实物接线图，请补画出该接线图中所缺连线。

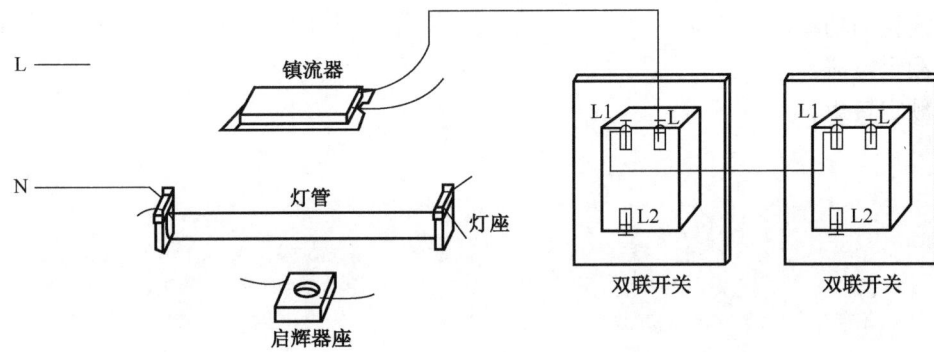

8．如图所示，某同学进行直流电路的万用表测量实训，请问：

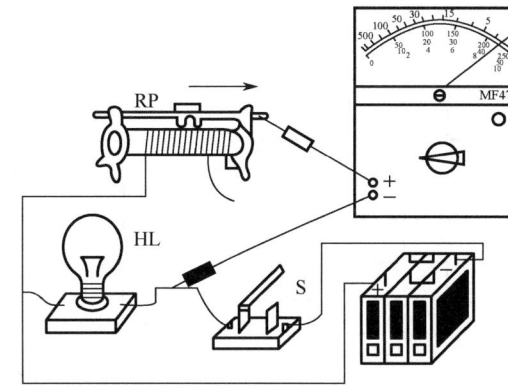

（1）若闭合开关 S，万用表的选择开关对准直流电流挡，此时测得的是通过哪个元件的电流？

（2）若断开开关 S，万用表的旋转转换开关对准欧姆挡，此时测得的是哪个元件的电阻值？

（3）若闭合开关 S，万用表的旋转转换开关对准直流电压挡，并将 RP 的滑动触头移至最左端，此时测得的是哪个元件两端的电压？

9．某同学欲用万用表测量如图所示电路中的以下几个物理量：

（1）电源的电动势。

（2）R_1 和 R_2 的并联电流。

（3）R_1 的电阻。

请说明在测量以上几个物理量时红、黑表笔对应的连接点和开关状态。

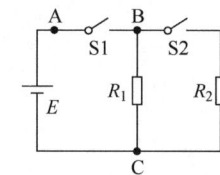

10. 请根据图（a）所示的动作时序图，将图（b）所示的 PLC 梯形图补画完整。

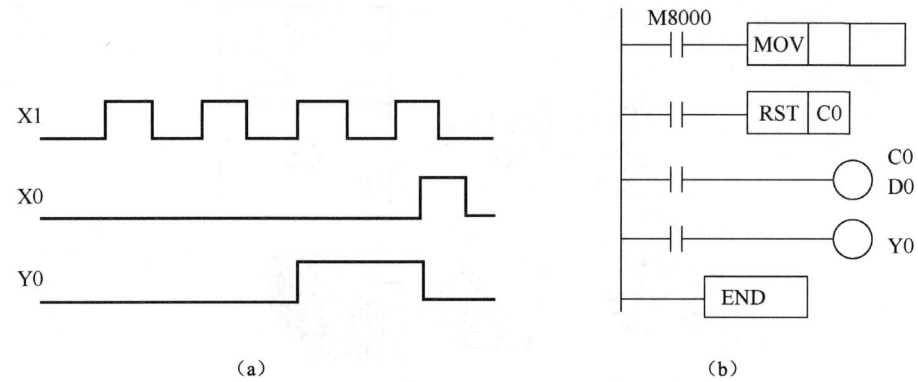

（a）

（b）

2. 如图所示，已知 E_1=36V，E_2=48V，R_1=4Ω，R_2=6Ω，R_3=4Ω，R_4=2Ω，试求：
（1）当开关 S 闭合时，电路中电流 I_3 和电阻 R_2 的电压。
（2）当开关 S 断开时，请用戴维南定理求电流 I_1 的值。

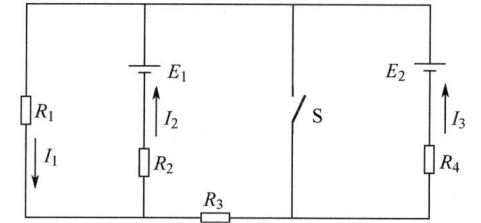

三、分析计算题（本大题共 4 个小题，第 1、第 2、第 3 小题均为 5 分，第 4 小题为 10 分，共 25 分）

1. 将某星形联结的三相对称负载接在对称三相电源上，已知 R=30Ω，L=127mH，u_{UV}=380$\sqrt{2}$ sin(314t+30°)，完成下列问题。
（1）求每相负载的阻抗。
（2）求各相负载中相电压和相电流的相位差。
（3）写出 U 相电流的瞬时值表达式。
（4）求三相负载的有功功率。
（5）求中性线电流。

3. 一台工频三相异步电动机铭牌数据如下：接法为△，额定功率为 10kW，额定电压为 380V，额定转速为 1440r/min，额定频率为 50Hz，满载时的功率因数为 0.81，效率为 0.8，求：
（1）三相异步电动机满载时的输入电功率。
（2）损耗的功率。
（3）额定电流。
（4）额定转矩。

4．在如图所示，轮系中，已知各齿轮的齿数分别为 $z_1=24$，$z_2=28$，$z_3=20$，$z_4=60$，$z_5=20$，$z_6=20$，$z_7=28$，$z_8=20$；齿轮 1 的转速 $n_1=980r/min$。

（1）计算工作台的移动速度，并判断工作台的移动方向。

（2）若该轮系齿轮均为标准直齿圆柱齿轮，齿轮 8 的齿高 $h=9mm$，求 d_8 及齿条的移动速度，并判断齿条的移动方向。

（3）判断该轮系中有无惰轮，若有，其作用是什么？

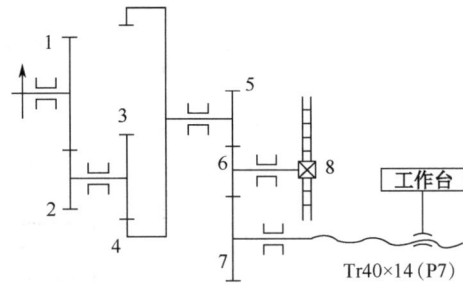

（2）若用 PLC 来实现其控制功能，请写出输入、输出地址表。

（3）某同学用 MOV 指令来实现该控制功能，请将如图所示的梯形图补画完整。

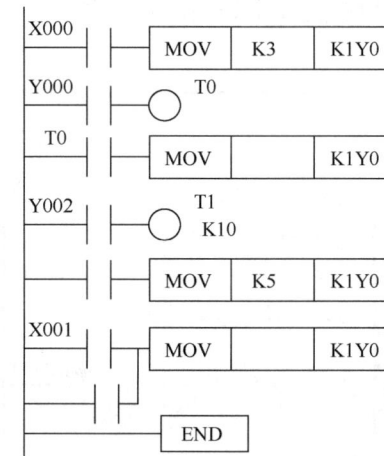

四、综合应用题（本大题共 2 个小题，第 1 小题为 10 分，第 2 小题为 15 分，共 25 分）

1．某生产过程对控制电动机的要求：按下启动按钮，电动机正转启动，6s 后正转结束，再经过 1s 电动机反转启动。请根据控制要求完成以下各个小题。

（1）补画如图所示的电路图。

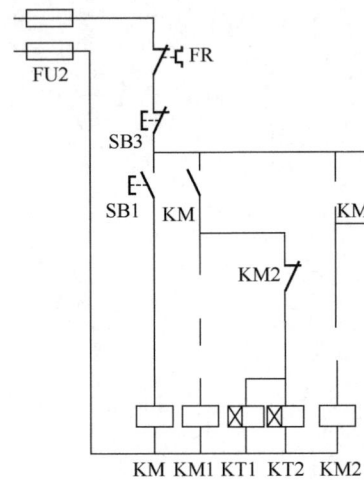

2．（本小题每空为 1 分，共 15 分）根据如图所示的钻模装配图和手把零件图，完成下列问题。

（1）钻模装配图由_____种零件组成，其中标准件_____个；在该图中，150 是_____尺寸，ϕ14H7 是_____尺寸。

（2）在钻模装配图中，ϕ22H7/h6 表达的是件_____和件_____之间的配合尺寸，ϕ6H7/m6 属于_____制_____配合。

（3）在手把零件图中，5.5×ϕ9.6 表示的结构名称为_____，该槽宽为_____。

（4）在手把零件图中，螺纹按用途属于_____螺纹，其牙型角为_____。

（5）在手把零件图中，C2 的 C 表示_____，2 表示_____。

（6）在手把零件图中，表面粗糙度要求最高的代号是_____。

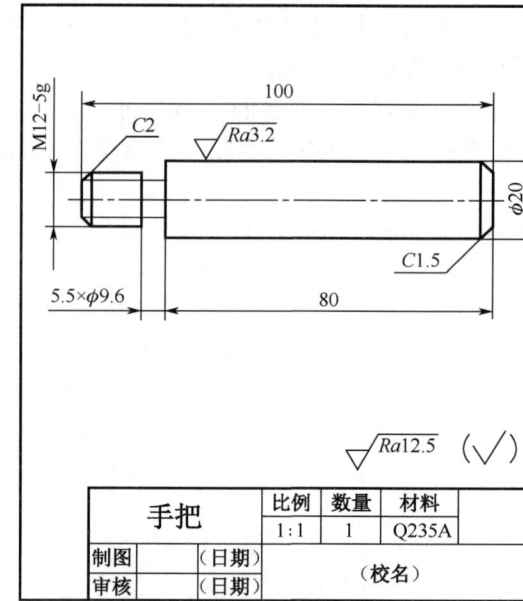

（b）手把零件图

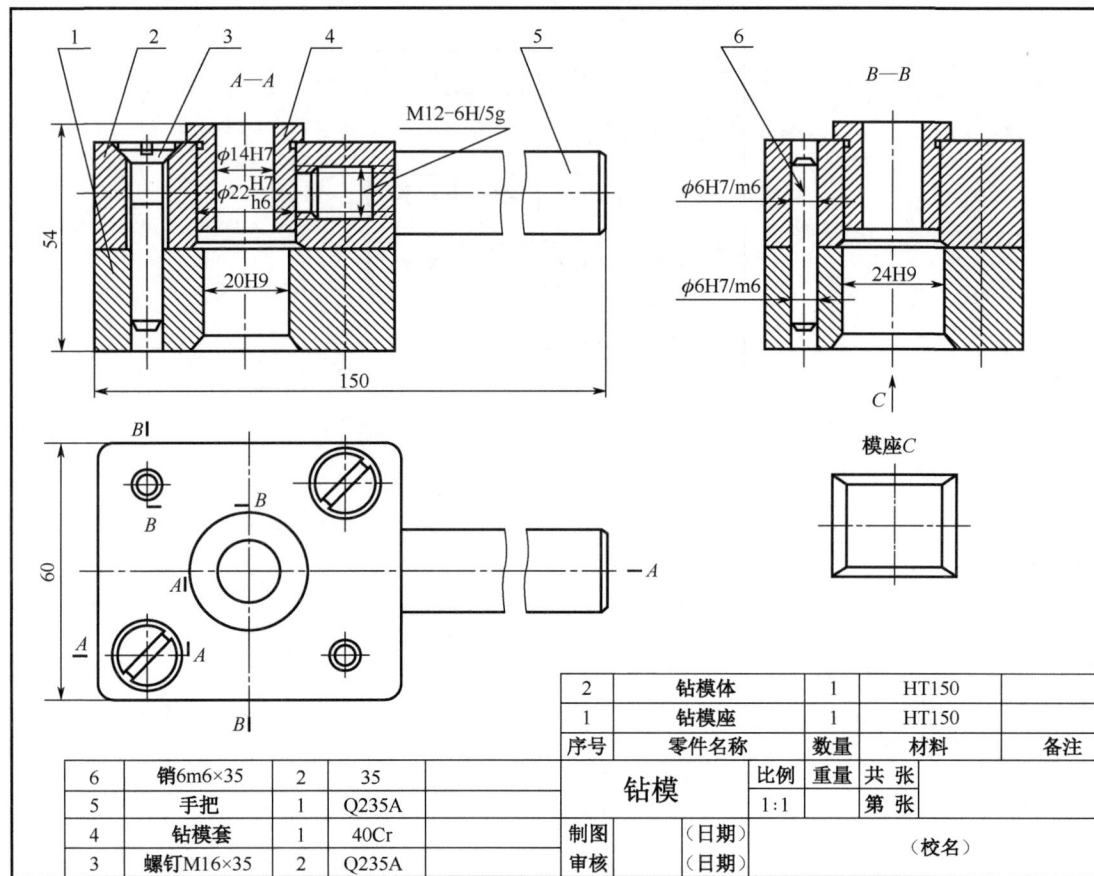

（a）钻模装配图

职 教 高 考 模 拟 试 卷

机电技术（九）

本试卷分卷一（选择题）和卷二（非选择题）两部分。满分为 200 分，考试时间为 120 分钟。考试结束后，请将本试卷和答题卡一并交回。

卷一（选择题，共 100 分）

一、选择题（本大题共 50 个小题，每小题为 2 分，共 100 分。在每小题列出的 4 个选项中，只有 1 个选项符合题目要求，请将符合题目要求的选项字母代号选出，并填涂在答题卡上）

1. 下列有关机械制图的叙述正确的是（　　）。
   A. 当两种或两种以上图线重叠时，应按以下顺序优先画出所需的图线：可见轮廓线→轴线和对称中心线→不可见轮廓线→双点画线
   B. 一个标注完整的尺寸由尺寸箭头、尺寸线和尺寸数字三要素组成
   C. 字母和数字可写成斜体和直体，且斜体的字头向左倾斜，与水平基准线约成 75°角
   D. 当在光滑过渡处标注尺寸时，应用细实线将轮廓线延长，并从它们的交点处引出尺寸界线

2. 在如图所示的尺寸标注中，标注错误的有（　　）处。

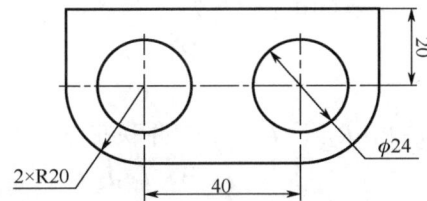

   A. 一处　　　　　　B. 两处　　　　　　C. 三处　　　　　　D. 四处

3. 在如图所示的视图中，（　　）表达的是侧平面。

   A　　　　　　B　　　　　　C　　　　　　D

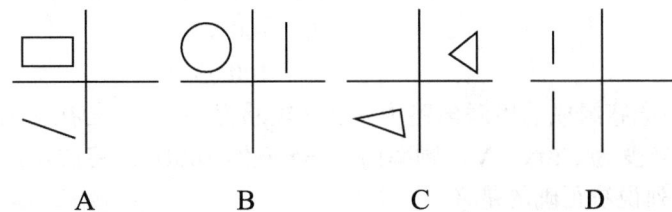

4. 若一条直线在 W 面上的投影是一条与 OY 轴成 30°角的直线，而在 V 面和 H 面的投影均垂直于 OX 轴，那么该直线为（　　）。
   A. 侧垂线
   B. 侧平线
   C. 正平线
   D. 一般位置直线

5. 关于平面截切圆锥，下列说法正确的是（　　）。
   A. 当截平面垂直于轴线时，截交线的形状是椭圆
   B. 当截平面不过锥顶且与轴线平行时，截交线的形状是三角形
   C. 当截平面过锥顶且与轴线重合时，截交线的形状是三角形
   D. 当截平面过锥顶且与轴线不重合时，截交线的形状是双曲线

6. 已知如图所示的主、俯视图，正确的左视图是（　　）。

   A　　　　　　B　　　　　　C　　　　　　D

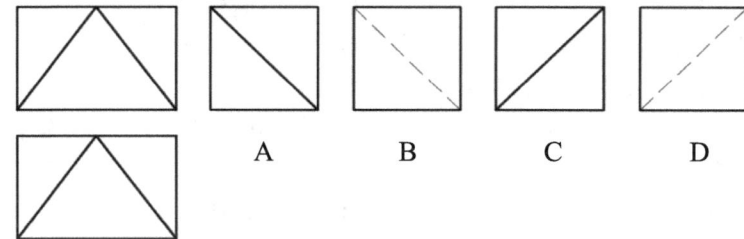

7. 如图所示，画法正确的 A 向斜视图是（　　）。

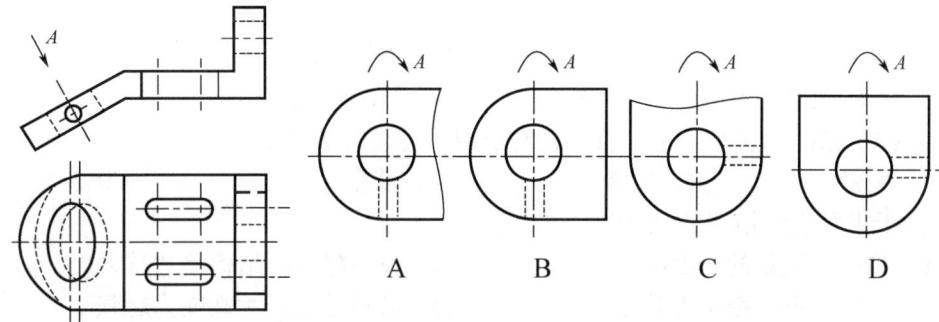

   A　　　　　　B　　　　　　C　　　　　　D

8. 在画半剖视图时，视图与剖视图分界线的线型是（　　）。
   A. 细实线　　　　B. 粗实线　　　　C. 细点画线　　　　D. 波浪线

9. 已知如图所示的俯视图，正确的全剖主视图是（　　）。

   A　　　　　　B　　　　　　C　　　　　　D

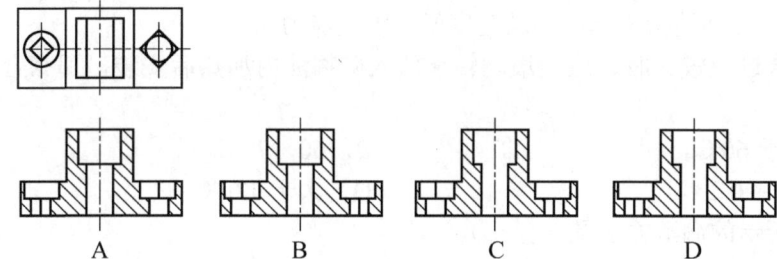

10. 在如图所示的结构视图中，正确的是（　　）。

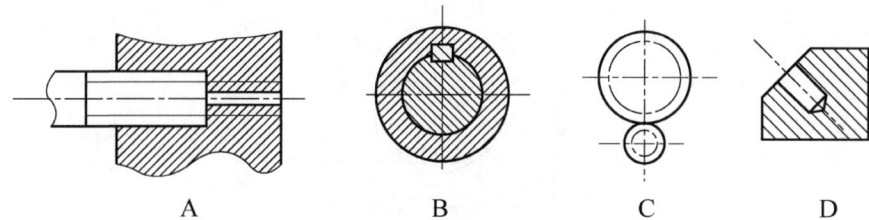

    A　　　　　　B　　　　　　C　　　　　　D

11. 对于 $b×h×L$ 相同的三种普通平键，有效工作长度最大的为（　　）。
　　A．C 型　　　　B．A 型　　　　C．B 型　　　　D．一样大

12. 在机床的丝杠中使用的传动螺纹是（　　）。
　　A．矩形螺纹　　　　　　　　B．梯形螺纹
　　C．锯齿形螺纹　　　　　　　D．普通螺纹

13. 对于后轮驱动的汽车，当动力由变速箱传递到后桥时，应选用（　　）。
　　A．凸缘联轴器　　　　　　　B．套筒联轴器
　　C．滑块联轴器　　　　　　　D．万向联轴器

14. 根据载荷情况，分析 CA6140 卧式车床主轴是（　　）。
　　A．心轴　　　B．转轴　　　C．传动轴　　　D．软轴

15. 如图所示的物理实验室所用天平采用了（　　）。
　　A．曲柄摇杆机构　　　　　　B．双摇杆机构
　　C．摆动导杆机构　　　　　　D．平行四边形机构

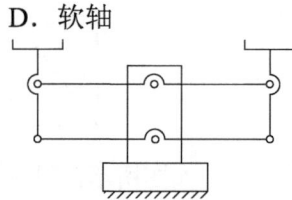

16. 在控制车床刀具进给运动的机构中，凸轮与从动件之间的锁合利用了（　　）。
　　A．重力　　　　　　　　　　B．弹簧力
　　C．凸轮凹槽轮廓　　　　　　D．从动件末端结构

17. 数控机床的伺服进给电动机带传动所用的传动带类型是（　　）。
　　A．V 带　　　B．平带　　　C．圆带　　　D．同步带

18. 关于齿距说法错误的是（　　）。
　　A．齿距是链条的重要参数　　B．齿距越大，结构尺寸越大
　　C．齿距越小，稳定性越差　　D．齿距越大，承载能力越强

19. 在带、链、齿轮、螺旋四种传动形式中，下列说法正确的是（　　）。
　　A．带传动的效率高，制造容易，成本低
　　B．齿轮传动能保证瞬时传动比的准确性
　　C．链传动作用于轴上的压力大，过载能力强
　　D．螺旋传动结构简单，传动精度低，承载能力大

20. 当配合过盈较大时，应把滚动轴承放入矿物油内加热后安装，那么合适的加热温度为（　　）。
　　A．小于 60℃　　　　　　　　B．60～70℃
　　C．80～90℃　　　　　　　　D．大于 120℃

21. 如图所示的润滑方法是（　　）。
　　A．滴油润滑　　　　　　　　B．油环润滑
　　C．喷油润滑　　　　　　　　D．压力润滑

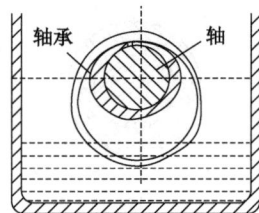

22. 与机械传动相比较，不属于气压传动优点的是（　　）。
　　A．工作稳定性好　　　　　　B．反应快，维护简单
　　C．有过载保护　　　　　　　D．允许工作温度范围广

23. 不属于液压泵站的元件是（　　）。
　　A．液压泵　　　　　　　　　B．电动机
　　C．液压缸　　　　　　　　　D．溢流阀

24. 液压千斤顶大、小活塞直径之比为 10:1，如果小活塞运动的速度为 200mm/s，则大活塞运动的速度为（　　）。
　　A．2mm/s　　　　　　　　　B．4mm/s
　　C．6mm/s　　　　　　　　　D．8mm/s

25. 关于双向锁紧回路，下列说法错误的是（　　）。
　　A．若用 O 型滑阀机能的锁紧回路，则锁紧效果差
　　B．在双液控单向阀的锁紧回路中，三位四通换向阀滑阀机能只能用 H 型或 P 型
　　C．锁紧回路用于锁止执行元件
　　D．可以通过切断执行元件的进出油路实现锁紧

26. 关于测电笔，下列说法错误的是（　　）。
　　A．测电笔是当微小电流经过电笔和人体流向大地时才能使氖灯泡发光的
　　B．测电笔可区分相线和零线
　　C．当被测带电体与大地之间的电压超过 60V 时，氖管就会启辉发亮
　　D．测电笔不能区分直流电和交流电

27. 电路中的基本元件不包括（　　）。
　　A．电阻　　　　　　　　　　B．电感
　　C．电容　　　　　　　　　　D．电器

28. 在如图所示的电路中，A 点的电位 U_A 为（　　）。
　　A．–10V　　　　　　　　　　B．–6V
　　C．–4V　　　　　　　　　　D．0V

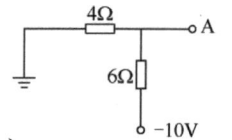

29. 已知电阻 R_1 与 R_2（如 $R_1>R_2$），若将它们并联在电路中，则（　　）。
　　A．$I_1>I_2$　　　　　　　　B．$I_1<I_2$
　　C．$U_1>U_2$　　　　　　　　D．$U_1<U_2$

30. 在某个交流电路中，已知加在该电路两端的电压表达式是 $u=20\sin(\omega t+60°)$，该电路中的电流表达式是 $i=10\sqrt{2}\sin(\omega t-30°)$，则该电路消耗的功率是（　　）。
　　A．0W　　　　　　　　　　　B．100W
　　C．200W　　　　　　　　　　D．$100\sqrt{3}$ W

31. 在白炽灯与电感组成的串联电路中，已知电感为 $1/\pi$ H，若在交流电源三要素中，电压有效值由 $220\sqrt{2}$ V 变为 $220\sqrt{5}$ V，频率由 50Hz 变为 100Hz，将白炽灯视为纯电阻，且其电阻为 100Ω，则下列说法正确的是（　　）。
　　A．白炽灯亮度变暗　　　　　B．白炽灯亮度变亮
　　C．白炽灯亮度无法确定　　　D．白炽灯亮度不变

32. 将三相额定电压为 220V 的电热丝接到线电压为 380V 的三相电源上，则最佳的连接方法是（　　）。

A. 三角形联结　　　　　　　　　B. 星形联结并在中线上装熔断器
C. 三角形联结和星形联结都可以　　D. 星形联结无中性线

33. 将三角形联结的三相对称负载接在线电压为 380V 的三相电源上，若 U 相负载因故发生断路，则 V 相和 W 相负载的相电压分别为（　　）。
　　A. 380V，220V　　　　　　　　B. 380V，380V
　　C. 220V，220V　　　　　　　　D. 220V，190V

34. 磁感线上任意一点（　　）方向，就是该点的磁场方向。
　　A. 指向 N 极　　　　　　　　　B. 切线
　　C. 直线　　　　　　　　　　　D. 平行线

35. 有一个变压器，变比为 10，二次绕组的内阻为 0.5Ω，当该变压器接入一个"20V，100W"的电炉正常工作时，若忽略该变压器一次绕组及铁芯的损耗，则该变压器的效率是（　　）。
　　A. 87.5%　　B. 89%　　C. 85%　　D. 82.5%

36. 某电子电路的输出电阻为 180Ω，负载的阻抗为 5Ω，则其配用的输出变压器的变比为（　　）。
　　A. 8　　　　B. 6　　　　C. 4　　　　D. 2

37. 下列不是交流接触器组成部分的是（　　）。
　　A. 触点系统　　　　　　　　　B. 复位系统
　　C. 电磁机构　　　　　　　　　D. 热元件

38. 在自动空气开关中，电磁脱扣器用作（　　）。
　　A. 过载保护　　　　　　　　　B. 短路保护
　　C. 欠电压保护　　　　　　　　D. 缺相保护

39. 单相异步电动机的转子绕组一般采用（　　）。
　　A. 笼型绕组　　　　　　　　　B. 绕线式绕组
　　C. 并励绕组　　　　　　　　　D. 串励绕组

40. 在三相异步电动机在启动过程中，下列说法不正确的是（　　）。
　　A. 转差变小　　　　　　　　　B. 定子电流由大变小
　　C. 转差率变小　　　　　　　　D. 转矩不变

41. 一台三相异步电动机的额定数据如下：P_N=40kW，U_N=380V，三角形联结，f=50Hz，n_N=1470r/min，η_N=0.9，$\cos\varphi_N$=0.87，λ_{st}=2，λ_m=2.5，I_{st}/I_N=6。该电动机采用丫—△降压启动时的启动电流为（　　）。
　　A. 77.6A　　　　　　　　　　B. 155.2A
　　C. 51.7A　　　　　　　　　　D. 70A

42. 若三相异步电动机的转差率大于 1，则该电动机的状态是（　　）。
　　A. 额定运行状态　　　　　　　B. 反接制动状态
　　C. 接通电源启动瞬间　　　　　D. 回馈制动状态

43. 对于直流电动机，下列说法正确的是（　　）。
　　A. 转子电流是根据电磁感应原理产生的
　　B. 加装换向磁极的目的是为了增强电枢磁场
　　C. 直流电动机必须直接启动

D. 对直流电动机弱磁调速可以实现无级调速

44. 在 PLC 中，关于栈指令 MPS 和 MPP，下列说法不正确的是（　　）。
　　A. 不带操作数
　　B. 不能成对使用
　　C. 连续使用必须少于 11 次
　　D. 栈指令之后的指令一定是 LD 或 LDI

45. 在 PLC 中，若将输出信号从输出暂存器取出并送到输出锁存器中，则对应的 PLC 工作阶段是（　　）。
　　A. 初始化　　　　　　　　　　B. 处理输入信号
　　C. 程序处理　　　　　　　　　D. 输出处理

46. 在 PLC 中，M8012 是时钟脉冲发生器，其中 100ms 是指（　　）。
　　A. 脉冲宽度　　　　　　　　　B. 脉冲周期
　　C. 占空比　　　　　　　　　　D. 脉冲频率

47. 关于 PLC，下列说法错误的是（　　）。
　　A. 左母线与线圈必须有触点　　B. 线圈与右母线间不能有触点
　　C. 在功能图中，允许使用双线圈　D. 桥式电路可直接编程

48. 用一台变压器向车间的电动机供电，当开动的电动机台数逐渐增加时，变压器的二次电压将（　　）。
　　A. 升高　　　　　　　　　　　B. 降低
　　C. 不变　　　　　　　　　　　D. 先降低后升高

49. 要进行参数清除，则应在变频器的（　　）模式下进行。
　　A. 监视　　　　　　　　　　　B. 频率设定
　　C. 参数设定　　　　　　　　　D. 帮助

50. 变频器的点动频率设定参数为（　　）。
　　A. Pr.4　　　　　　　　　　　B. Pr.15
　　C. Pr.16　　　　　　　　　　D. Pr.79

卷二（非选择题，共 100 分）

二、简答作图题（本大题共 10 个小题，每小题为 5 分，共 50 分）

1. 根据如图所示的平键连接，回答下列问题。
（1）平键的名称是什么？
（2）该平键的工作面在哪里？
（3）螺钉的作用是什么？
（4）平键的中间部位有一个螺孔，这个螺孔有什么作用？
（5）该平键连接适用于什么场合？

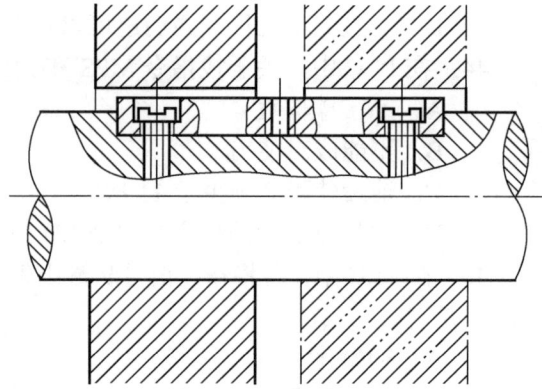

3．根据如图所示的主、左视图，画出俯视图。

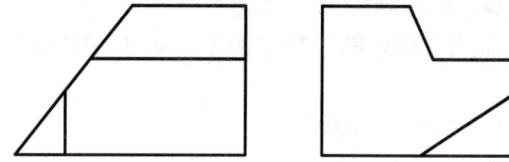

2．根据如图所示的机械传动机构，回答下列问题。
（1）活塞的运动是靠哪种机构带动的？
（2）该机构有无"死点"位置？
（3）若构件 1 图示的方向运动，则活塞向哪个方向运动？
（4）件 3 与件 4 之间的运动副为哪种类型？

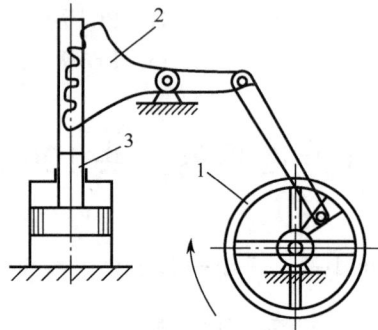

4．根据如图所示的主、俯视图，画出半剖左视图。

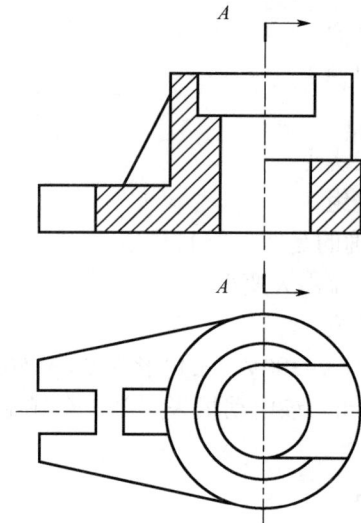

5. 根据如图所示的主、左视图，画出指定位置的断面图。

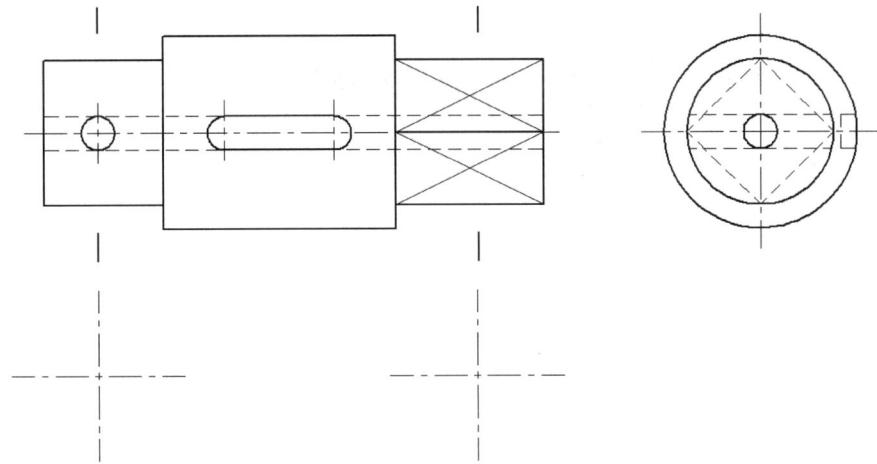

6. 某电动机重绕定子绕组后，要确定首、尾端，请根据如图所示的测量现象（开关 S 闭合），将各绕组的序号标在电动机接线盒对应的端子上（1、2 为 U 相，3、4 为 V 相，5、6 为 W 相）。

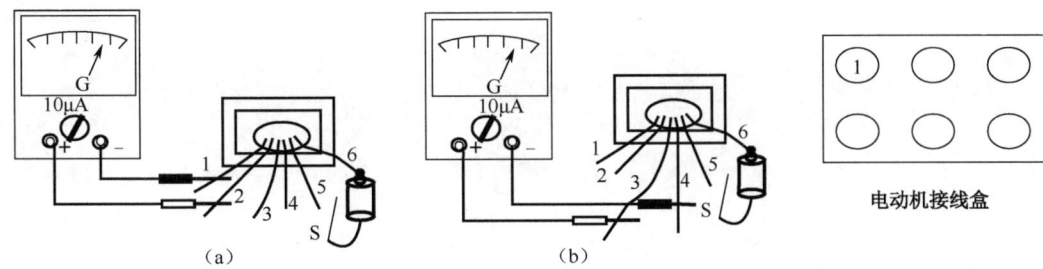

（a）　　　　　（b）

电动机接线盒

7. 如图所示，根据电动机控制电路和 I/O 接线图，请将顺序功能图补画完整。

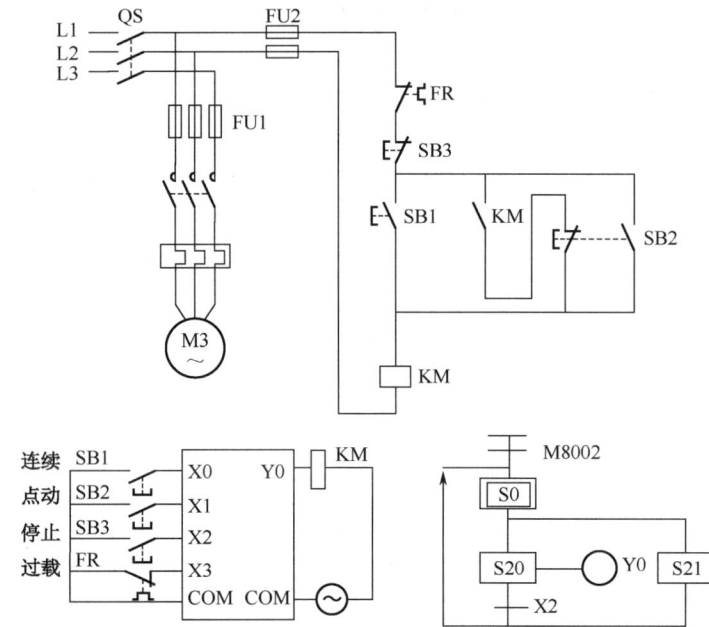

8. 如图所示，用绝缘电阻表测量三相异步电动机的 U 相和 W 相间的绝缘电阻。
（1）请指出图中的错误，并将接线连接正确。
（2）在测量之前，如何检查绝缘电阻表是否完好？

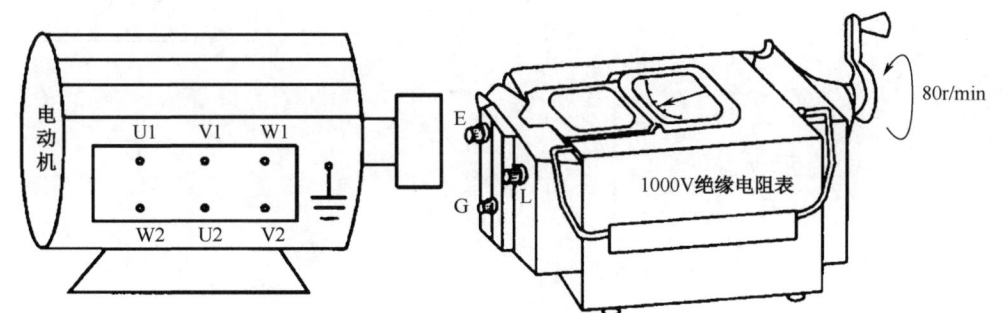

9．如图所示，当 RP 的滑动触头向右移动时，完成下列问题。

（1）标出线圈 L1、L2 的感应电动势正极（用+标出）

（2）标出线圈 L2 上的感应电流方向

（3）判断线圈 GHJK 的转动方向（GH 向里还是向外）

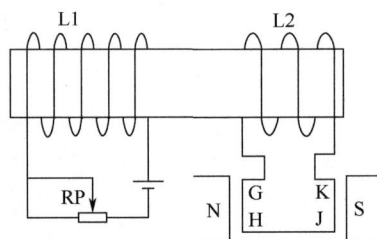

10．在如图所示的电路中，当 R_2 减小时，试分析仪表 V、V_1、V_2、A_1、A_2 读数的变化情况。

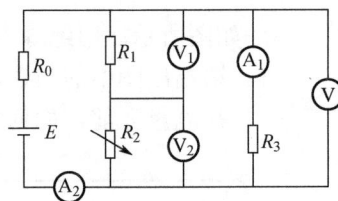

三、分析计算题（本大题共 4 个小题，第 1、第 2、第 3 小题均为 5 分，第 4 小题为 10 分，共 25 分）

1．有一台三相绕线式异步电动机，额定功率为 15kW，额定转速为 730r/min，额定电压为 380V，额定功率因素为 0.87，额定效率为 0.9，过载能力为 2.2，请计算：

（1）定子额定电流、额定转差率与额定转矩。

（2）最大电磁转矩。

2．如图所示，电源线电压为 380V，三相负载是对称的，且 R=30Ω，X_L=40Ω 求单相负载的阻抗、相电流、线电流和三相负载消耗的总功率。

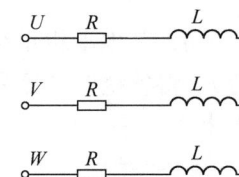

3．在如图所示的电路中，已知 $R_1=R_2=4\Omega$，$R_3=2\Omega$，$R_4=6\Omega$，电压表的读数为 24V，求 R_1、R_2、R_3 的实际功率。

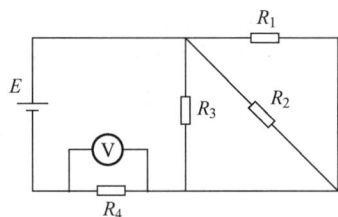

4．如图所示为一变速箱齿轮传动简图，Ⅰ轴为输入轴，Ⅳ轴为输出轴，齿轮 1 和齿轮 2 为常啮合齿轮，齿轮 4 和齿轮 6 是滑移齿轮，齿轮 8 也是滑移齿轮，齿轮 8 既能与齿轮 7 啮合，又能与齿轮 10 啮合，各齿轮齿数分别为：$z_1=28$，$z_2=56$，$z_3=56$，$z_4=28$，$z_5=52$，$z_6=32$，$z_7=36$，$z_8=48$，$z_9=24$，$z_{10}=18$，Ⅰ轴转速为 $n_1=1200$r/min。求：

（1）Ⅳ轴共有几种转速？

（2）Ⅳ轴最高转速与最低转速是多少？

（3）Ⅳ轴在最高转速和最低转速时转向是相同的还是相反的？

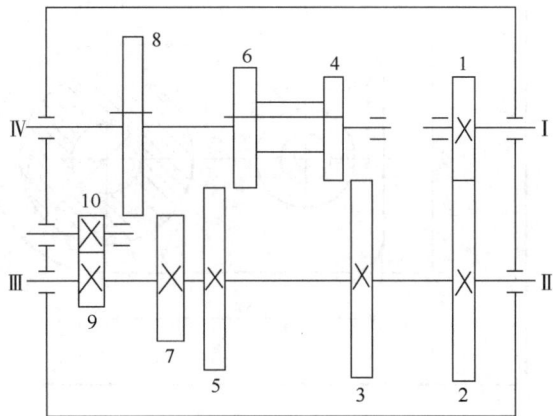

四、综合应用题（本大题共 2 个小题，第 1 小题为 10 分，第 2 小题为 15 分，共 25 分）

1．如图所示，用双踪示波器观察电阻和电容两端的电压波形，Y_B 接于电容两端。

（1）若用 Y_A 通道测试电阻两端的波形，则探头如何连接？

（2）电压波形 1、电压波形 2 分别对应哪个通道？

（3）若双踪示波器的扫描时间灵敏度旋钮置于"50ms/div"位置，微调旋钮置于"标准"位置，当使用"扩展拉×10"时，计算电源电压的周期。

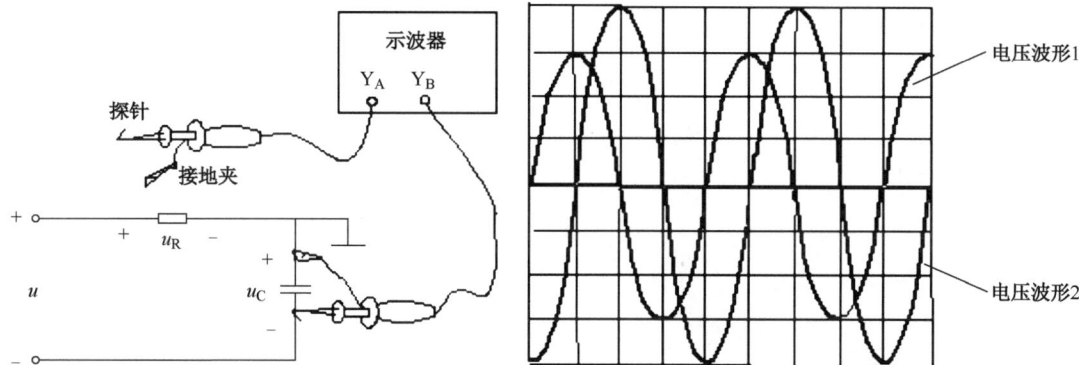

（2）该同学的实物焊接装配图如图所示，其中印刷电路板上的 A、K 为断口测试点。

①找出该装配图中元件安装错误和不规范的地方。

②找出连接错误的断口测试点，并说明对放大电路的影响。

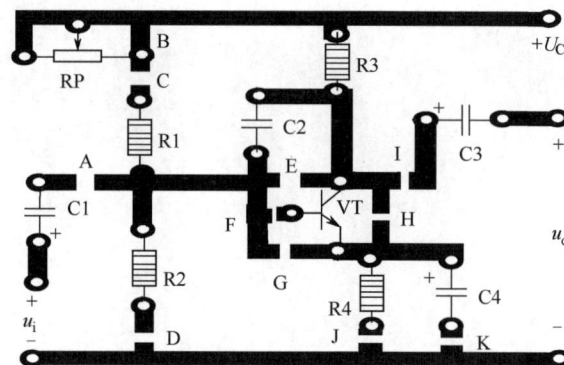

（3）已知 R_p=200kΩ，滑动触头在中间位置，R_1= R_2=10kΩ，R_3=4kΩ，β=50，R_4=2kΩ，r_{be}=1kΩ，电源 U_{cc}=12V，求：

①静态工作点。

②交流参数 R_i、R_o、A_U。

（4）电路正常工作后，$u_i = 10\sin(\omega t - \dfrac{\pi}{2})$，求：

①输出电压 u_o。

②若在断口测试点 K 处断路，请说明输出电压幅值的变化。

2．（本小题每空为 1 分，共 15 分）读懂如图所示的零件图，完成下列问题。

（1）阀体采用_____个图形表达，该零件在_____方位上具有对称性，其中主视图采用_____剖，底板的厚度是_____。

（2）M30×1.5–6H 表面粗糙度的上限值为_____。

（3）尺寸 $\phi46$ 的凸台端面表面粗糙度的上限值为_____，$\phi12$ 孔的定位尺寸为_____，该孔的锪平直径为_____。

（4）阀体主视图的相贯线是由直径为_____的孔和螺纹底孔形成的。阀体的宽度尺寸基准为_____。

（5）画出外形主视图（虚线省略）。

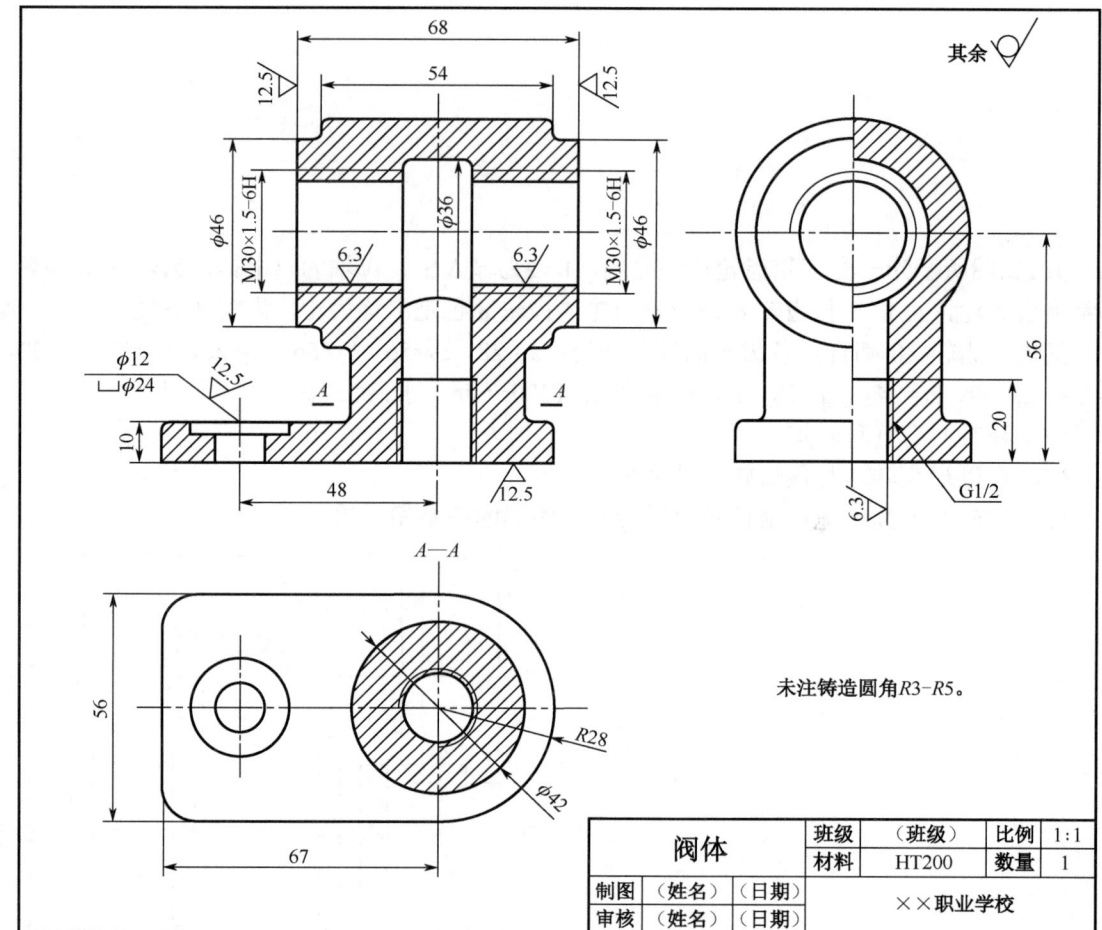

阀体	班级	（班级）	比例	1:1
	材料	HT200	数量	1
制图	（姓名）	（日期）	××职业学校	
审核	（姓名）	（日期）		

机电技术（十）

本试卷分卷一（选择题）和卷二（非选择题）两部分。满分为 200 分，考试时间为 120 分钟。考试结束后，请将本试卷和答题卡一并交回。

卷一（选择题，共 100 分）

一、选择题（本大题共 50 个小题，每小题为 2 分，共 100 分。在每小题列出的 4 个选项中，只有 1 个选项符合题目要求，请将符合题目要求的选项字母代号选出，并填涂在答题卡上）

1. 图纸的基本幅面有 A0、A1、A2、A3、A4 五种，其中 A3 图纸的尺寸是（　　）。
   A. 394 mm×290 mm
   B. 296 mm×410 mm
   C. 410 mm×292 mm
   D. 297 mm×420 mm

2. 关于常见的尺寸标注，下列描述正确的是（　　）。
   A. 在标注半圆或小于半圆的圆弧时，应在尺寸数字前加 "R"
   B. 在标注球面半径时，应在符号 "R" 前加 "ϕ"
   C. 在标注板状零件厚度时，可在尺寸数字前加 "f"
   D. 在标注角度尺寸时，角度尺寸线应画成直线

3. 如图所示，直线 AB 是（　　）。

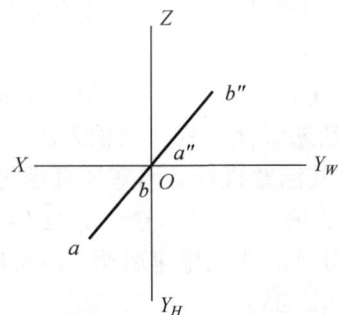

   A. 侧平线
   B. 正平线
   C. 水平线
   D. 一般位置线

4. 如图所示，正确的一组视图是（　　）。

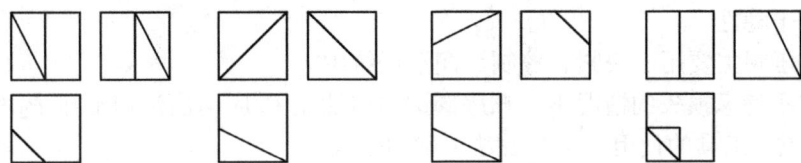

   A　　　　B　　　　C　　　　D

5. 已知如图所示的主、俯视图，正确的左视图是（　　）。

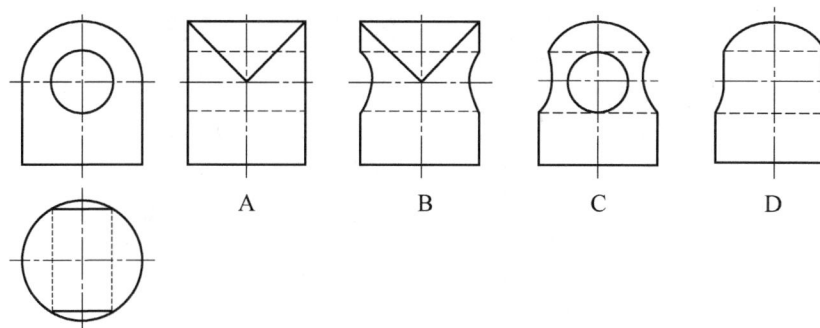

   A　　　　B　　　　C　　　　D

6. 已知如图所示的物体三视图，正确的轴测图是（　　）。

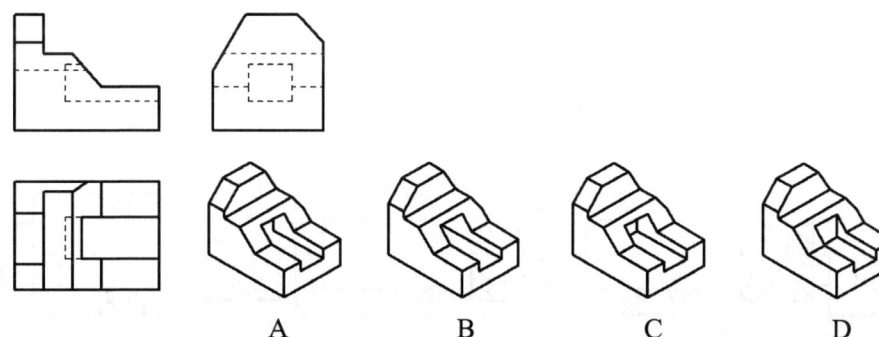

   A　　　　B　　　　C　　　　D

7. 在如图所示的四组视图中，主视图均为全剖视图，其中主视图有缺漏线的是（　　）。

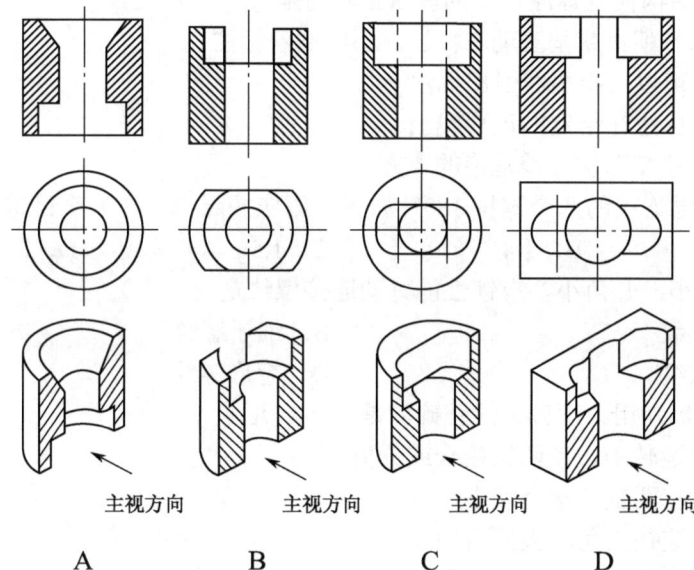

   主视方向　　主视方向　　主视方向　　主视方向
   A　　　　B　　　　C　　　　D

8. 如图所示，正确的一组局部剖视图是（　　）。

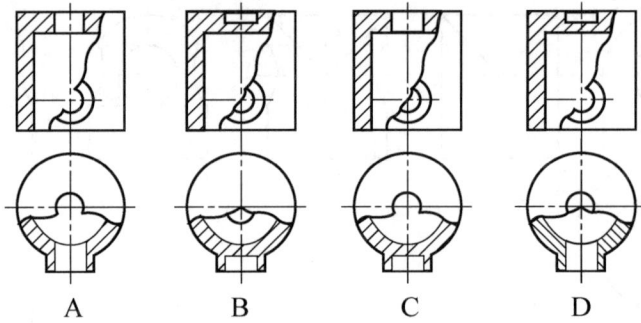

A　　　　　B　　　　　C　　　　　D

9. 如图所示，正确的剖视图是（　　）。

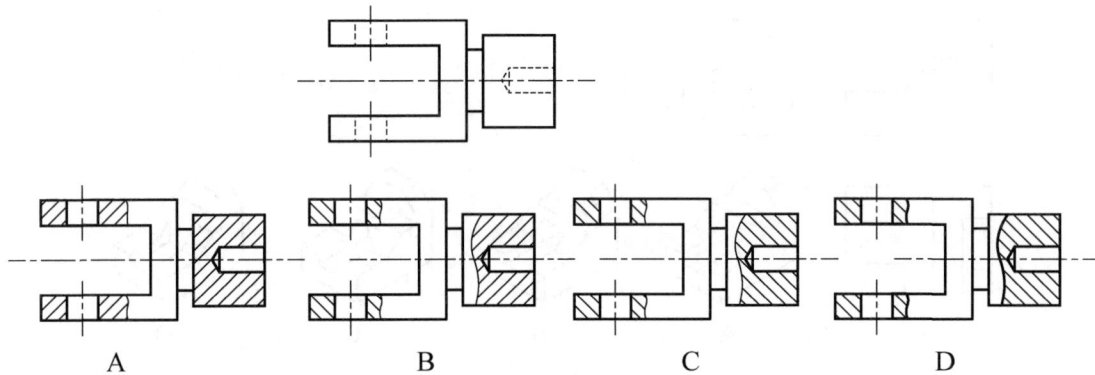

A　　　　　B　　　　　C　　　　　D

10. 关于表面结构代号标注，下列说法正确的是（　　）。

A. 只能水平朝上或垂直朝左标注，不能倒着标注

B. 必要时可以用指引线引出标注

C. 不可以标注在给定的尺寸线上

D. 不能标注在形位公差框格的上方

11. 若普通平键连接的两个键按 180° 布置，则应按照（　　）个键进行强度校核。

A. 1.2　　　　B. 1.4　　　　C. 1.5　　　　D. 2

12. 用于螺距小，升角小，自锁性能好的连接螺纹是（　　）。

A. 粗牙螺纹　　　　　　　　B. 细牙螺纹

C. 梯形螺纹　　　　　　　　D. 矩形螺纹

13. 关于离合器功用，下列描述正确的是（　　）。

A. 在机器运转中，使两轴接合或分离

B. 只能保持两轴的接合状态

C. 适用于连接夹角较大的两轴

D. 摩擦离合器无过载保护作用

14. 若要求仿形加工凸轮机构磨损小，且能传递较大载荷，则应选用（　　）。

A. 尖顶式从动件　　　　　　B. 平顶式从动件

C. 滚子式从动件　　　　　　D. 曲面式从动件

15. 如图所示，叠加式组合挖掘机机构主要采用了（　　）。

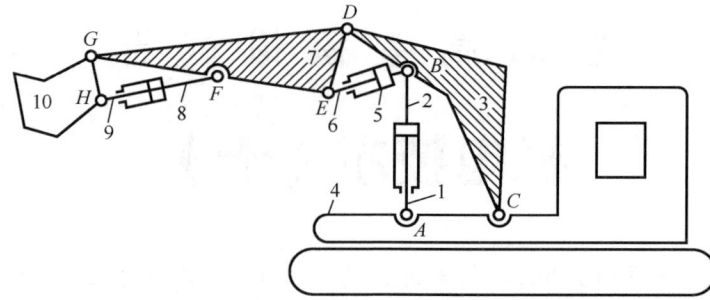

A. 曲柄滑块机构　B. 摇杆滑块机构　C. 曲柄摇块机构　D. 导杆机构

16. 若 CA6140 卧式车床用的 V 带标记为 B 2240 GB/T 11544，则 2240 表示（　　）。

A. 外周长度　　　　　　　　B. 内周长度

C. 基准长度　　　　　　　　D. 内周长度和外周长度的平均值

17. 与代号为 6012 的滚动轴承内孔相配合的轴的直径是（　　）mm。

A. 12　　　　B. 60　　　　C. 15　　　　D. 30

18. 链传动张紧的目的主要是（　　）。

A. 同带传动一样　　　　　　B. 提高链传动工作能力

C. 避免松边垂度过大　　　　D. 增大小链轮包角

19. 行星轮系应用的齿轮传动是（　　）。

A. 外啮合齿轮传动　　　　　B. 内啮合齿轮传动

C. 齿轮齿条传动　　　　　　D. 锥齿轮传动

20. 为保证手动简单起重设备的蜗杆传动能有效自锁，一般应采用的蜗杆为（　　）。

A. 单头，小导程角　　　　　B. 多头，小导程角

C. 单头，大导程角　　　　　D. 多头，大导程角

21. 高速重载、表面温度过高的齿轮传动易发生的失效形式是（　　）。

A. 轮齿折断　　B. 齿面点蚀　　C. 齿面塑性变形　　D. 齿面胶合

22. 下列属于气源辅助元件的是（　　）。

A. 气罐　　　　B. 油雾器　　　　C. 空气压缩机　　　　D. 气缸

23. 对于差动连接的单出杆活塞式液压缸，在输入流量和工作压力都相同的情况下，若"快进"和"快退"速度相等，则其活塞直径是活塞杆直径的（　　）。

A. 1 倍　　B. $\sqrt{2}$ 倍　　C. $1/\sqrt{2}$ 倍　　D. 2 倍

24. 为防止立式液压缸因为自重而造成超速运动，应采用的液压回路是（　　）。

A. 锁紧回路　　B. 平衡回路　　C. 调压回路　　D. 调速回路

25. 对于液压控制阀，下列描述不正确的是（　　）。

A. 换向阀用于控制油液流动方向，接通或关闭油路

B. 溢流阀、顺序阀、单向阀、减压阀均可接在液压缸回路上，以提高执行元件的运动平稳性

C. 减压阀主要用于夹紧、控制、润滑系统中

D. 在不考虑损失的情况下，顺序阀进油口油压 P_1 应与出油口油压 P_2 相等

26. 关于电工工具的使用，下列说法正确的是（　　）。

A. 当使用钢丝钳切断导线时，应将相线和中性线同时在一个钳口处切断

B．当使用活扳手扳动小螺母时，手应握在手柄尾端处

C．不能使用金属杆直通的螺丝刀在电气设备上操作

D．当使用电工刀剖削绝缘层时，刀锋切入并剖削的角度为45°

27．若用电压表测得电源端电压为0，则说明（　　）。

　　A．外电路断路　　　　　　　　B．外电路短路

　　C．额定工作状态　　　　　　　D．对负载输出最大功率

28．如图所示，A、B两点间的等效电阻为（　　）。

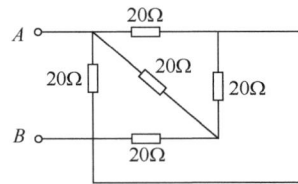

　　A．4Ω　　　　B．10Ω　　　　C．20Ω　　　　D．7.5Ω

29．有一个电容器的额定电压为220V，若把它接入正弦交流电路中使用，则加在该电容器上的交流电压最大是（　　）。

　　A．380V　　　B．311V　　　C．220V　　　D．155V

30．左手定则可以判断通电导体在磁场中（　　）。

　　A．受力大小　　B．受力方向　　C．运动方向　　D．运动速度

31．若某元件上的电压表达式和电流表达式分别为 $\mu=100\sqrt{2}\sin(\omega t-60°)$，$i=5\sqrt{2}\sin(\omega t-30°)$，则会该元件为（　　）。

　　A．电感性元件　　B．电容性元件　　C．电阻性元件　　D．纯电感元件

32．若将一只额定值为"220V，40W"的灯泡接于 $u=220\sin(314t+300°)$ 的电源上工作，则该灯泡消耗的功率（　　）。

　　A．大于60W　　B．小于40W　　C．等于40W　　D．无法确定

33．关于三相四相制供电系统，下列说法正确的是（　　）。

　　A．线电压为220V，相电压380V　　B．线电压为380V，相电压36V

　　C．线电压为380V，相电压220V　　D．在相位上线电压比对应相电压滞后30°

34．对于某三相负载，若每相均为RL串联电路且阻抗值均为10Ω，则该三相负载（　　）。

　　A．是三相对称负载　　　　　　B．不是三相对称负载

　　C．不一定是三相对称负载　　　D．一定是三相对称负载

35．变压器的二次绕组是指（　　）。

　　A．接负载的绕组　　B．高压绕组　　C．接电源的绕组　　D．低压绕组

36．若用一台变压器向车间的电动机供电，当开动的电动机台数逐渐增加时，则变压器的二次电压将（　　）。

　　A．升高　　　　B．降低　　　　C．不变　　　　D．先降低后升高

37．自动空气开关中的电磁脱扣器用作（　　）。

　　A．过载保护　　B．短路保护　　C．欠压保护　　D．缺相保护

38．在三相异步电动机启动过程中，下列说法不正确的是（　　）。

　　A．转差变小　　　　　　　　　B．定子电流由大变小

C．转差率变小　　　　　　　　D．转矩不变

39．当用绝缘电阻表测量电动机的相间绝缘电阻时，若L接线柱接绕组，则E接线柱应该接（　　）。

　　A．该相绕组另一个接线柱　　　B．电动机外壳

　　C．大地　　　　　　　　　　　D．另外一相绕组接线柱

40．在PLC中，下列指令语句正确的是（　　）。

　　A．ORB　X2　　B．OUT　Y8　　C．MCR　N8　　D．MPP

41．常数K、H和指针P在PLC内存中都是（　　）。

　　A．1位数据，位元件　　　　　B．8位，字元件

　　C．16位，字元件　　　　　　　D．1位，字元件

42．当三相变压器二次绕组采用三角形联结时，如果一相接反，将会产生的后果是（　　）。

　　A．没有电压输出　　　　　　　B．输出电压升高

　　C．输出电压不对称　　　　　　D．绕组烧坏

43．当用绝缘电阻表测量绝缘电阻时，应将被测绝缘电阻接在绝缘电阻表的（　　）之间。

　　A．L端和E端　　　　　　　　B．L端和G端

　　C．E端和G端　　　　　　　　D．任意两端

44．当高压输电线落在地面上时，人不能走近，其原因是（　　）。

　　A．要把人吸过去

　　B．要把人弹开

　　C．输电线和人体之间会发生放电现象

　　D．存在跨步电压

45．在交流接触器中，短路环的作用是（　　）。

　　A．增大铁芯中的磁通　　　　　B．熄灭电弧

　　C．消弱铁芯中的磁通　　　　　D．消除铁芯中的震动和噪声

46．三相异步电动机的机械特性是指定子电压和频率为常数时（　　）。

　　A．转速 n 与电磁转矩 T 之间的关系

　　B．转速 n 与转差率 s 之间的关系

　　C．电磁转矩 T 与转差率 s 之间的关系

　　D．电磁转矩 T 与输出功率 P 之间的关系

47．在直流电动机中，连接静止的电源电路与旋转的电枢电路的是（　　）。

　　A．电刷　　　　　　　　　　　B．电刷和换向器

　　C．换向器　　　　　　　　　　D．滑环

48．当数字式万用电表测量电压时，红、黑表笔应分别插入（　　）插孔。

　　A．V/Ω　COM　　　　　　　　B．mA　COM

　　C．COM　V/Ω　　　　　　　　D．10A　COM

49．当Pr.79设定为1时，为变频器的（　　）操作模式。

　　A．外部　　　　B．PU　　　　C．组合　　　　D．程序

50．FR-E740变频器参数Pr.4对应的端子是（　　）。

　　A．RM　　　　B．RH　　　　C．RL　　　　D．RT

卷二（非选择题，共 100 分）

二、简答作图题（本大题共 10 个小题，每小题为 5 分，共 50 分）

1. 如图所示为一个铣床快动加紧装置，请问：

（1）该螺旋传动机构按用途属于哪种？螺杆上的两段螺纹旋向相同还是相反？

（2）若左、右两侧螺纹均为双线，左端螺纹螺距为 1mm，右端螺纹螺距为 1mm，当螺杆转 3 转时，两螺母共移动了多少距离？

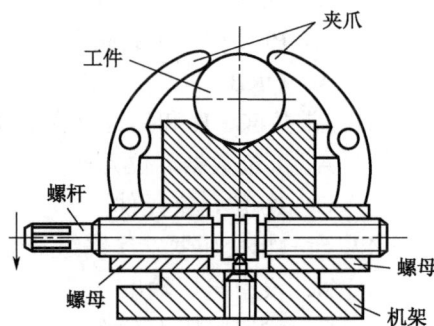

2. 如图所示为家用缝纫机及踏板机构，请问：

（1）踏板机构应用了哪种铰链四杆机构？

（2）当缝纫机在使用中出现"卡死"现象时，图中哪两个杆件共线？

（3）缝纫机在运行过程中是如何克服"卡死"现象的？

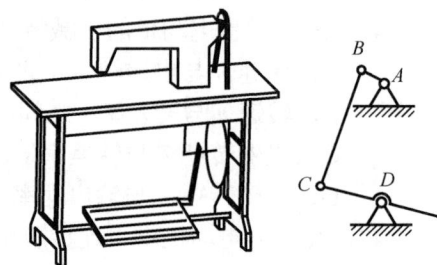

3. 根据如图所示的零件轴测图及主视图投影方向，画出该零件的左视图。

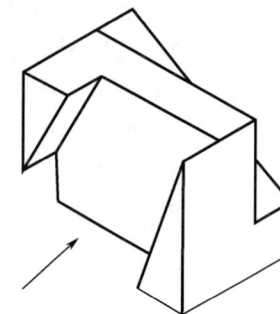

4. 根据图（a）所示的视图，选择正确的表达方案，完成图（b）所示的视图绘制。

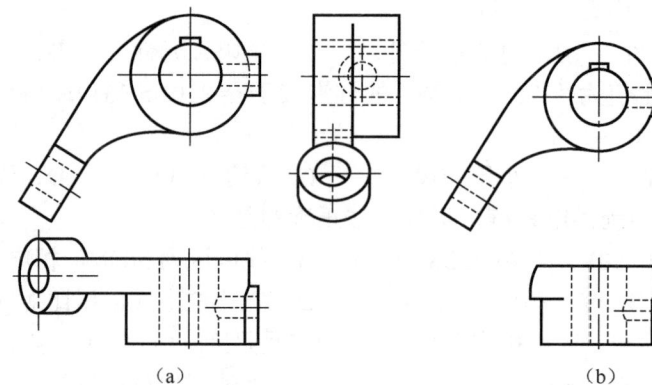

（a）　　　　　　　　　　　　　（b）

5．根据如图所示的主、左视图，完成全剖俯视图的绘制。

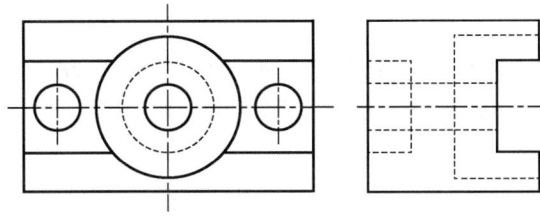

6．如图所示，请写出 i_A、i_B 的解析式。

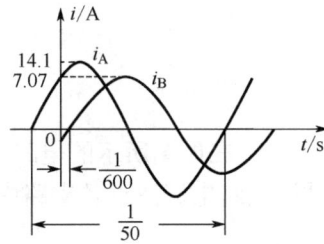

7．用万用表判断普通硅二极管极性的方法如图 5-2-8 所示，请根据检测结果说明二极管的正、负极。

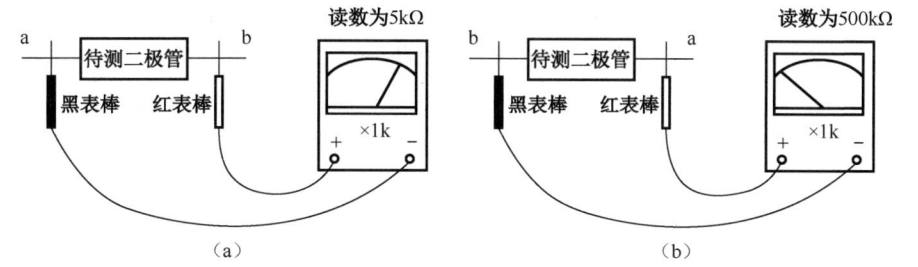

（a）　　　　　（b）

8．如图所示为对称三相电路，若开关 S 闭合时电流表读数为 5A，那么请分析开关 S 断开时电流表读数的变化情况。

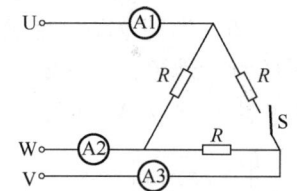

9. 在如图所示的电路中，HL1、HL2 是两个完全相同的指示灯，电感线圈 L 的电阻与电阻 R 相等，试分析：

（1）在开关 S 闭合瞬间，HL1、HL2 的亮度如何变化？

（2）在开关 S 断开瞬间，HL1、HL2 的亮度如何变化？

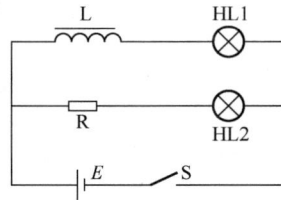

10. 当某电动机重绕定子绕组后，要确定它的首、尾端，请根据如图所示当开关 S 闭合时的测量现象，将各定子绕组的序号标在电动机接线盒对应的端子上（1、2 为 U 相，3、4 为 V 相，5、6 为 W 相）。

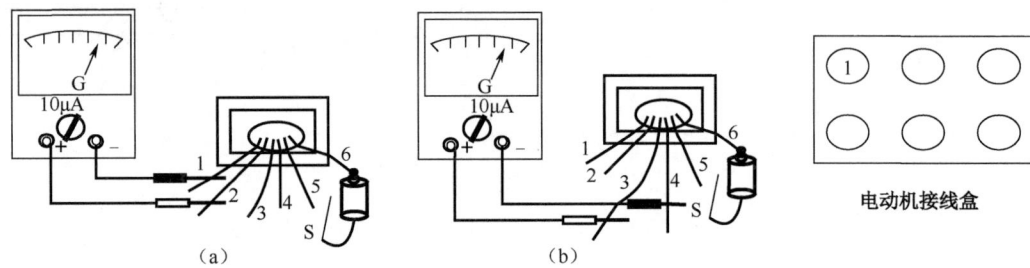

（a）

（b）

电动机接线盒

三、分析计算题（本大题共 4 个小题，第 1、第 2、第 3 小题均为 5 分，第 4 小题为 10 分，共 25 分）

1. 在 RLC 串联谐振电路中，已知电感为 40μH，电容为 40pF，电路的品质因数为 60，谐振电流为 0.06A，试求该电路的谐振频率、端电压和电感电压。

2. 在如图所示的电路中，已知 E_1=4V，E_2=8V，R_1=1Ω，R_2=2Ω，r_1=3Ω，r_2=2Ω，R_3=8Ω，试用支路电流法求各支路中的电流。

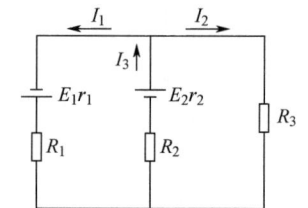

3．有一台 D,y 联结的三相变压器，已知 $S_N=200kV\cdot A$，$U_{1N}/U_{2N}=10kV/0.4kV$，求：

（1）一次侧的额定电流 I_{1N} 和 I_{2N}。

（2）变比 K。

（3）额定状态下一次电流和二次电流。

4．如图所示为一个定轴轮系传动系统，已知 $z_1=26$，$z_2=52$，$z_3=22$，$z_4=66$，$z_5=1$，$z_6=20$，$z_7=20$，$z_8=80$，$m_8=4mm$，$n_1=600r/min$（其他参数见图中标注）。

（1）求齿轮 4 的转速并判断其转动方向。

（2）求齿轮 7 和齿轮 8 的中心距。

（3）求工作台的移动速度并判断其移动方向。

（4）求齿条的移动速度并判断其移动方向。

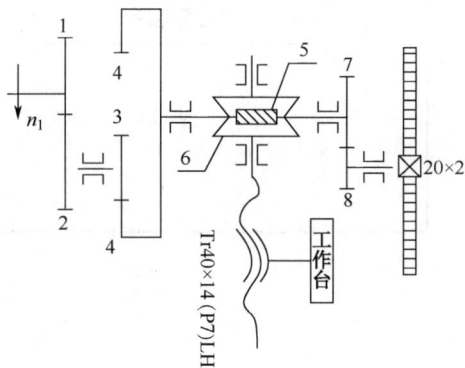

四、综合应用题（本大题共 2 个小题，第 1 小题为 10 分，第 2 小题为 15 分，共 25 分）

1．在工业生产实践中，许多生产机械往往要求运动部件能正反两个方向运动，从而实现可逆运行。在实际应用中，通过电动机的正反转控制就可以实现上述工作要求。根据所学知识，完成下列问题。

（1）将电动机正反转控制的原理图和控制电路接线图分别补画完整（要求具有过载保护、短路保护和接触器联锁）。

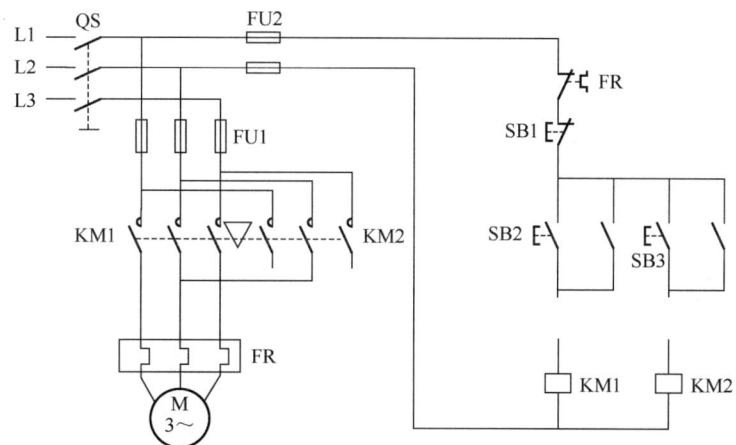

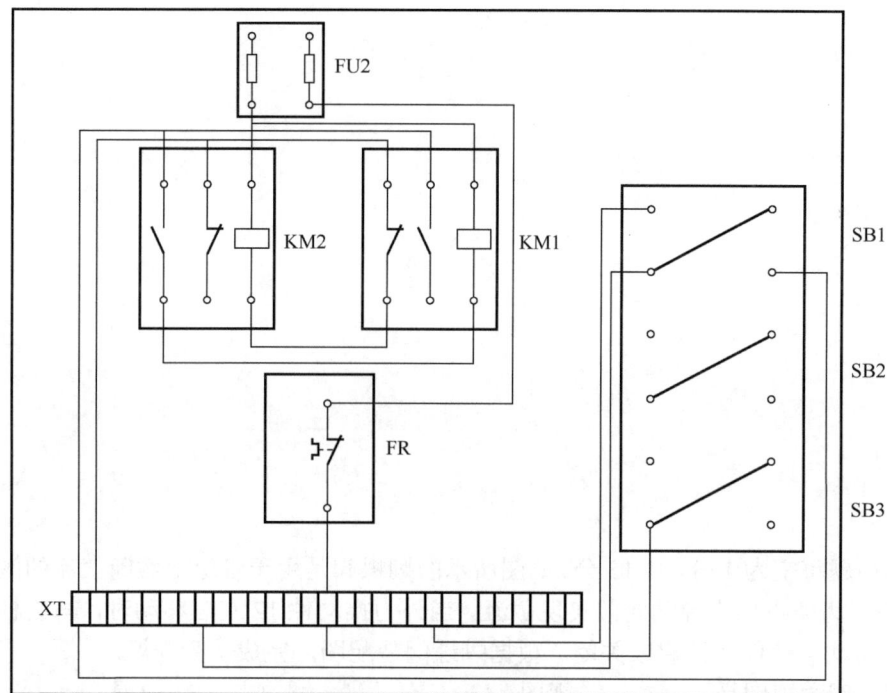

（2）在接线完毕后，通电试车之前，若用万用表对该线路进行检测，则应该将万用表的转换开关置于什么挡位？

（3）在不通电状态下，万用表的红、黑表笔接在该控制电路电源线两端，按下 SB1 按钮，万用表读数约为 1.8kΩ，该电阻值是否正常？按下 SB1 按钮不动，再按下 SB3 按钮，若该电路接线正常，则万用表读数应为多少？

（4）测量完毕后，合上电源开关 QS，按下控制按钮，发现接触器吸合正常，但电动机只能单方向转动，不能实现正反转变化，该故障范围在控制电路还是主电路？

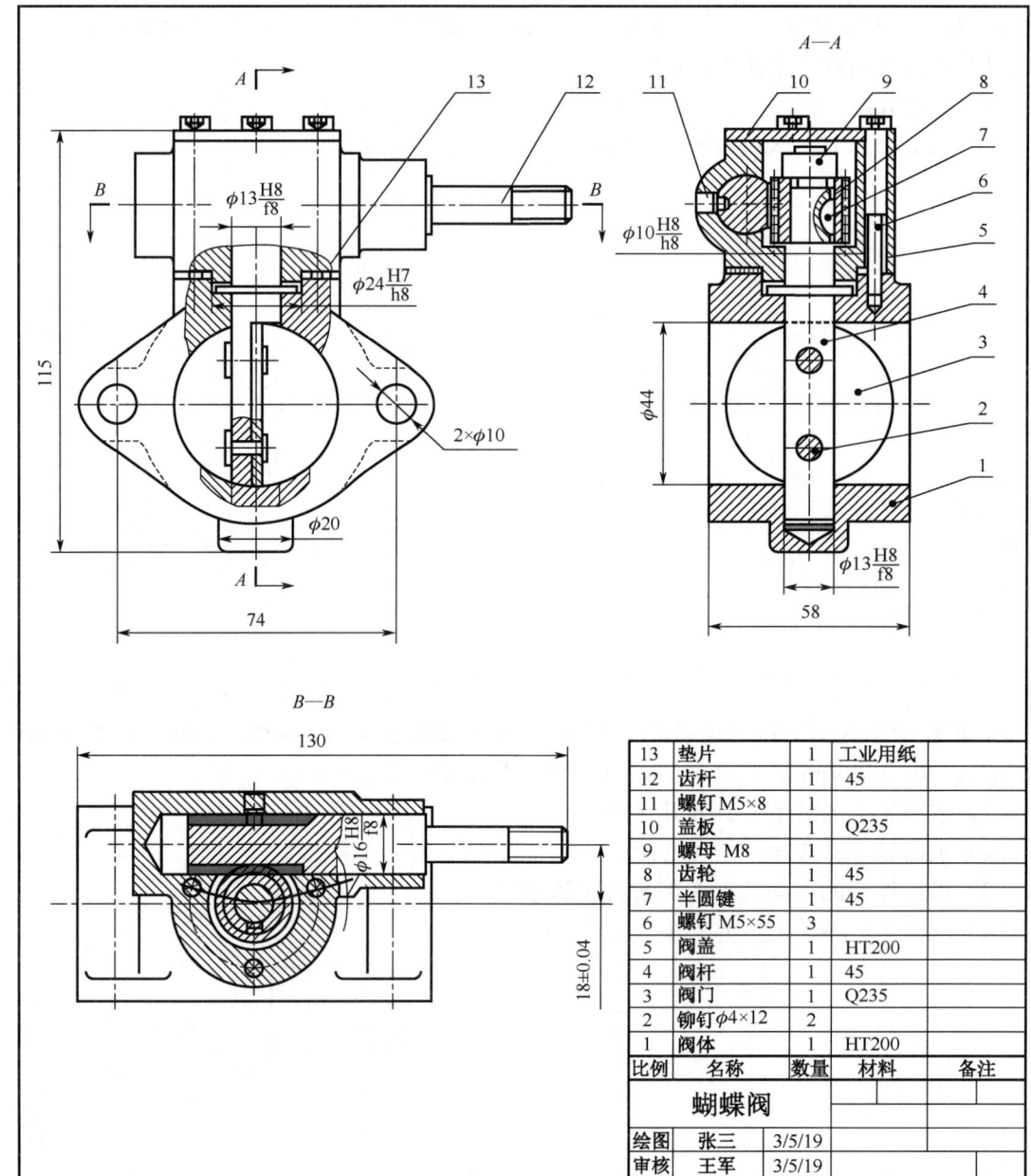

13	垫片	1	工业用纸	
12	齿杆	1	45	
11	螺钉 M5×8	1		
10	盖板	1	Q235	
9	螺母 M8	1		
8	齿轮	1	45	
7	半圆键	1	45	
6	螺钉 M5×55	3		
5	阀盖	1	HT200	
4	阀杆	1	45	
3	阀门	1	Q235	
2	铆钉 φ4×12	2		
1	阀体	1	HT200	
比例	名称	数量	材料	备注

蝴蝶阀

| 绘图 | 张三 | 3/5/19 |
| 审核 | 王军 | 3/5/19 |

2.（本小题每空为 1 分，共 15 分）如图所示的蝴蝶阀是用于管道上截断气流的阀门装置，它通过齿轮、齿条机构来控制阀门实现截流。当外力推动件 12 左右移动时，与齿杆啮合的件 8 带动件 4 转动，使件 3 开启或关闭。根据蝴蝶阀装配图，完成下列问题。

（1）蝴蝶阀主视图是_____视图，A—A 是_____视图，B—B 是_____视图，

（2）74 是_____尺寸，φ44_____尺寸，φ16H8/f8_____尺寸。

（3）件 11 的名称是_____，对件 12 起_____作用。

（4）件 3 的直径尺寸是_____。

（5）对件 8 起周向固定作用的是件_____，起轴向固定作用的是件_____。

（6）画出件 1 的仰视图（尺寸从图中量取，只画可见轮廓线，铸造圆角省略不画）。